주판으로 배우는 암산 수학

1단계
덧셈

# 매직
# 셈

김일곤 지음

세광m

# 매직셈을 펴내며...

매직셈을 펴내며...

주산은 교육적 가치뿐만 아니라 의학적인 방법과 과학적인 방법이 동시에 활용되는 우뇌와 좌뇌의 균형있는 계발과 정신집중력, 속청, 속독, 기억력 증진에 탁월한 효능이 인정되는 훌륭한 학문입니다.

주산의 역사는 5,000년이 넘습니다. 고대 중국 문헌 속에 주산에 대한 기록이 있는 것만 보아도 인간 생활에 셈이 얼마나 필요했던 것인가를 알 수 있습니다.

주산은 동양 3국에서 학술과 기능으로 활발하게 연구 개발되었으며, 1970~1980년대에는 한국이 중심축이 되어 세계를 호령했던 기억들이 생생합니다. 그동안 문명의 이기에 밀려 사라졌던 주산이 지금 다시 부활하고 있습니다. 한편으로는 감회가 새롭고 한편으로는 주산 교육의 장래가 걱정스럽습니다. 후배들에게 물려줄 제대로 된 지도서도 없이 이렇게 새로운 물결 속으로 빠져들고 말았으니 그 책임을 통감하지 않을 수 없습니다.

이에 본인은 주산을 통한 암산 교육에 미력하나마 보탬이 되고자 검증된 주산 교재를 내놓게 되었습니다. 지금까지 여러 주산 교재가 나왔으나 주산식 암산에 별로 효과를 거두지 못한 것은 수의 배열이 부실하였기 때문입니다.

〈매직셈〉은 과학적인 수의 배열로 누구나 쉽게 주산 암산을 배우고 지도하기 쉽도록 하였으며, 기존 교재의 부족한 점을 보완하여 단기간에 암산 실력이 길러지도록 하였습니다.

이 교재가 주산 교육을 위한 빛과 소금이 된다면 더 바랄 것이 없으며 남은 여생을 주산 교육을 걱정하고 생각하며, 이 땅에서 오로지 주산인으로 살아갈 것을 약속합니다.

지은이 김일곤

# 차례

# 주산과 필산의 차이점

## 예제 1  3을 필산으로 배울 때

$$3$$
$$1 + 1 + 1 = 3$$

3이란 숫자를 아무 생각 없이 외우고 쓰면서 숫자 3 속에 1이 몇 개 있는지 모르기 때문에 이런 방법으로 가르칠 수밖에 없다.

## 예제 1  3을 주산으로 배울 때

주산에 놓여진 숫자 3은 분류된 숫자이기 때문에 손가락으로 직접 알을 만지면서 1이 세 개 있다는 것이 두뇌에 전달됨과 동시에 입력된다.

## 예제 2  필산으로 하는 뺄셈

$3 - 2 = 1$

$$3 \qquad 2$$
$$1 1 1 - 1 1 = 1$$

개체물로 위와 같이 지도하기 때문에 계산을 싫어하고 나아가서 암산은 물론 계산에 대한 흥미를 갖지 못한다.

## 예제 2  주산으로 하는 뺄셈

$3 - 2 = 1$

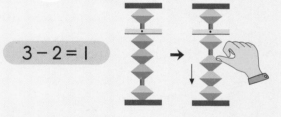

주산은 직접 눈으로 보고 손가락으로 2를 내리면서 두뇌에 전달하기 때문에 1의 숫자가 입력된다.

필산으로 쓰는 숫자는 소리나는 대로 쓰기 때문에 뜻이 담겨 있지 않아서, 지도하면서 전달하는 방법이나 이해하는 것이 쉽지 않기 때문에 결국 암산은 물론 계산도 싫어하게 된다.

주산에 놓아지는 숫자는 필산으로 다루는 숫자와 달리, 뜻이 함께 담겨 있어서(뜻 숫자라고 볼 수 있다) 지도하는 방법이나 이해하는 것이 쉽기 때문에 결국 암산은 물론 계산에 대한 자신감을 갖게 된다.

# 선지법(선주법, 선진법) 과 후지법(후주법, 후진법)

## 선지법 지도 방법

### 3 + 9 = 12

①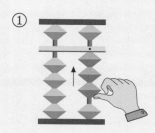

일의 자리에서 엄지로 아래 세 알을 올린다.

②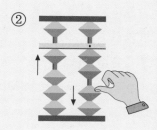

십의 자리에서 엄지로 아래 한 알을 올리고,
일의 자리에서 엄지로 아래 한 알을 내린다.

후지법과 다른 점은 아래알을 올릴 때나
내릴 때 모두 엄지를 사용한다는 것이다.

## 후지법 지도 방법

### 3 + 9 = 12

①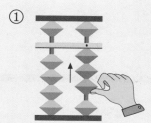

일의 자리에서 아래 세 알을 엄지로 올린다.

②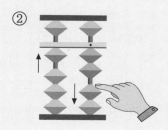

일의 자리에서 검지로 아래 한 알을 내리고,
십의 자리에서 엄지로 아래 한 알을 올린다.

선지법과 다른 점은 아래알을 올릴 때는
엄지를 사용하고, 아래알을 내릴 때는 검지를
사용한다는 것이다.

 **주판의 구조와 기초 학습**

● **주판 각 부분의 이름과 구조**

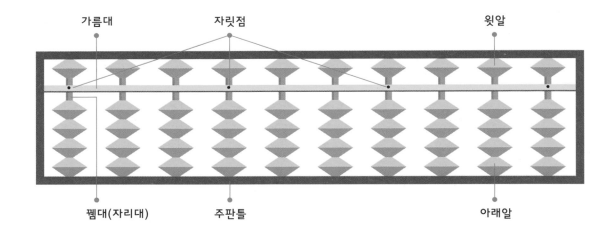

**아래알**    가름대 아래에 있는 주판알을 말하며 한 알은 1을 나타냅니다.

**윗 알**    가름대 위에 있는 주판알을 말하며 한 알은 5를 나타냅니다.

**가름대**    아래알과 윗알을 가로막아 놓은 부분을 말합니다.

**꿰 대**    주판알을 꿰고 있는 막대를 말하며, 자리대라고도 합니다.

**자릿점**    가름대 위에 찍혀 있는 점을 말하며 수의 자리를 정하는 데 사용됩니다.

**주판틀**    주판을 감싸고 있는 테두리 전체를 말합니다.

● **주판 잡는 법과 주판알 정리**

주판을 잡을 때는 주판의 왼쪽 부분을 왼손으로 잡는데 엄지로는 주판틀 아랫부분을, 나머지 손가락으로는 주판틀 윗부분을 가볍게 감싸 줍니다.

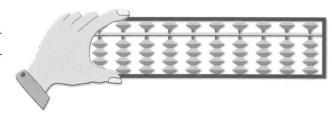

주판알을 정리할 때는 오른손 엄지와 검지를 오른쪽 가름대 끝에 가볍게 대고 가름대를 쥐듯 왼쪽으로 밀어 줍니다.

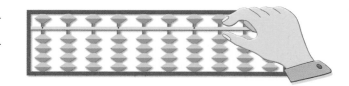

## ● 연필 잡는 법

연필을 잡는 정해진 방법은 없으나, 어린이의 경우 약지와 새끼손가락 사이에 끼우는 모양은 어려운 동작이므로 막 쥐도록 합니다.

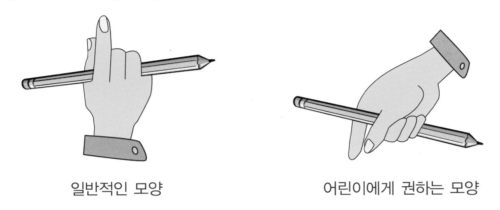

일반적인 모양                 어린이에게 권하는 모양

## ● 주판을 놓는 바른 자세

의자에 깊숙이 앉아 허리를 바르게 폅니다.
몸은 책상에서 10cm 정도를 뗍니다.
오른팔이 주판이나 책상에 닿지 않도록 합니다.
왼쪽 팔꿈치는 가볍게 몸에 붙였다 떼었다 할 수 있도록 합니다.

## ● 주판의 자릿수

주판에서 일의 자리는 가름대 위의 자릿점 중 하나를 선택하여 정할 수 있으며, 일의 자리를 기준으로 오른쪽 소수 첫째 자리를 영(0)의 자리, 소수 둘째 자리를 −1의 자리, 소수 셋째 자리를 −2의 자리라고 합니다.

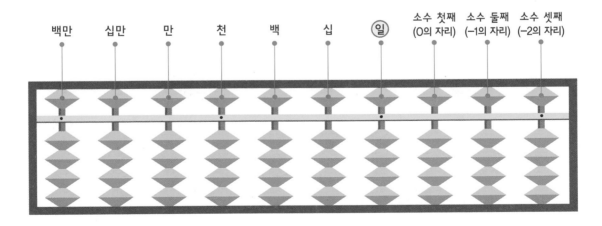

# 주판에 놓인 수와 손가락 사용법

운지법은 주판에 수를 놓을 때 손가락의 사용법을 말하며,
운주법은 주판알을 바르게 움직이는 방법을 말합니다.

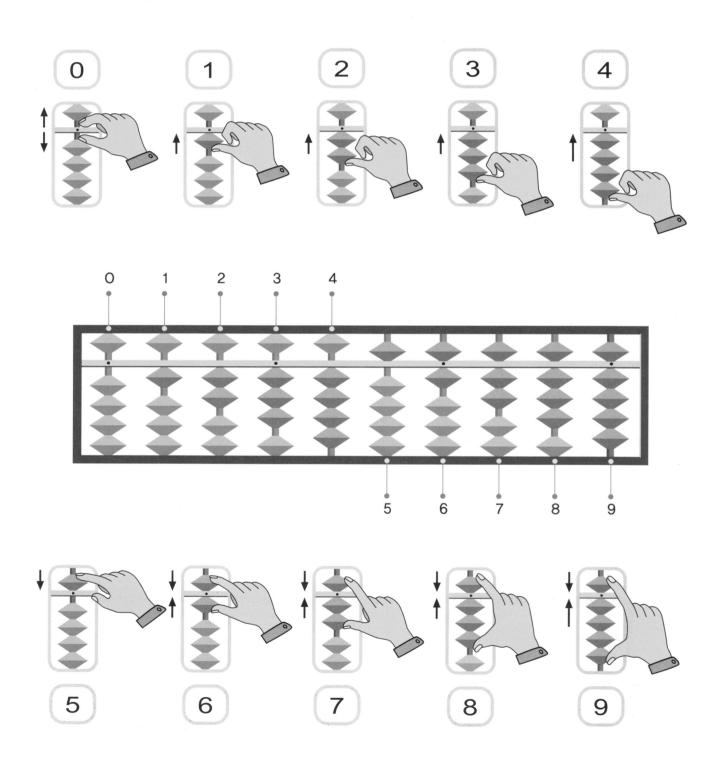

 짝수와 보수

## ● 5에 대한 짝수

1과 4의 합은 5입니다. 이 때 1이 5가 되려면 4가 더 필요합니다.
이처럼 5가 되기 위하여 더 필요한 수를 5에 대한 보수, 짝수라고 합니다.

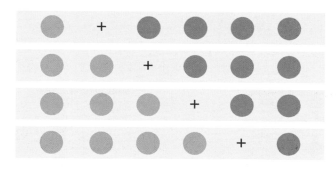

| $1 + 4 = 5$ 이므로 | 1 | 의 짝수는 | 4 | 입니다. |

$1 + 4 = 5$  이므로  1  의 짝수는  4  입니다.
$2 + 3 = 5$  이므로  2  의 짝수는  3  입니다.
$3 + 2 = 5$  이므로  3  의 짝수는  2  입니다.
$4 + 1 = 5$  이므로  4  의 짝수는  1  입니다.

## ● 10에 대한 보수

두 개의 수가 합하여 10이 되는 수, 즉 어떤 수가 10이 되기 위하여
더 필요한 수를 10에 대한 보수라고 합니다.

$1 + 9 = 10$  이므로  1  의 보수는  9  이고,  9  의 보수는  1  입니다.
$2 + 8 = 10$  이므로  2  의 보수는  8  이고,  8  의 보수는  2  입니다.
$3 + 7 = 10$  이므로  3  의 보수는  7  이고,  7  의 보수는  3  입니다.
$4 + 6 = 10$  이므로  4  의 보수는  6  이고,  6  의 보수는  4  입니다.
$5 + 5 = 10$  이므로  5  의 보수는  5  입니다.

# 10을 이용한 9의 덧셈

1, 2, 3, 4, 6, 7, 8, 9에 9를 더할 때는 십의 자리에서 엄지로 아래 한 알을 올리고, 일의 자리에서 엄지로 아래 한 알을 내린다.

$$2 + 9 = 11$$

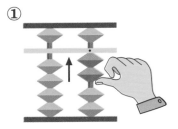

① 일의 자리에서 엄지로 아래 두 알을 올린다.

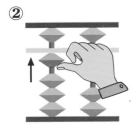

② 십의 자리에서 엄지로 아래 한 알을 올린다.

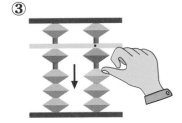

③ 일의 자리에서 엄지로 아래 한 알을 내린다.

| 1 | 2 | 3 | 4 | 5 |
|---|---|---|---|---|
| 2<br>9<br>1 | 7<br>2<br>9 | 6<br>9<br>2 | 8<br>0<br>9 | 1<br>9<br>1 |
|  |  |  |  |  |
|  |  |  |  |  |

| 6 | 7 | 8 | 9 | 10 |
|---|---|---|---|---|
| 3<br>9<br>6 | 9<br>7<br>9 | 4<br>0<br>9 | 7<br>9<br>3 | 5<br>1<br>9 |
|  |  |  |  |  |
|  |  |  |  |  |

평가 | 1회 | 2회 | |  확인

10

차근차근 주판으로 해 보세요.

| 1 | 2 | 3 | 4 | 5 |
|---|---|---|---|---|
| 1<br>9<br>5<br>1<br>9 | 7<br>9<br>1<br>9<br>3 | 2<br>5<br>9<br>9<br>4 | 4<br>9<br>5<br>9<br>2 | 6<br>9<br>4<br>9<br>9 |
| | | | | |
| | | | | |

| 6 | 7 | 8 | 9 | 10 |
|---|---|---|---|---|
| 2<br>9<br>9<br>5<br>4 | 3<br>5<br>9<br>2<br>9 | 5<br>2<br>1<br>9<br>2 | 6<br>9<br>3<br>1<br>9 | 4<br>5<br>9<br>9<br>9 |
| | | | | |
| | | | | |

| 11 | 12 | 13 | 14 | 15 |
|---|---|---|---|---|
| 8<br>9<br>9<br>3<br>9 | 1<br>6<br>9<br>9<br>1 | 3<br>9<br>2<br>9<br>5 | 5<br>3<br>9<br>9<br>1 | 7<br>9<br>9<br>4<br>9 |
| | | | | |
| | | | | |

평가 | 1회 | 2회 | | 확인

차근차근 주판으로 해 보세요.

| 1 | 2 | 3 | 4 | 5 |
|---|---|---|---|---|
| 7 9 1 9 3 | 2 6 9 9 2 | 6 9 2 1 9 | 7 1 9 9 2 | 3 5 9 2 9 |
|   |   |   |   |   |
|   |   |   |   |   |

| 6 | 7 | 8 | 9 | 10 |
|---|---|---|---|---|
| 1 7 9 1 9 | 6 3 9 1 9 | 5 1 9 3 9 | 7 9 3 9 1 | 4 9 9 7 9 |
|   |   |   |   |   |
|   |   |   |   |   |

| 11 | 12 | 13 | 14 | 15 |
|---|---|---|---|---|
| 8 1 9 9 2 | 2 9 9 1 7 | 5 1 2 9 9 | 4 9 1 5 9 | 1 9 7 2 9 |
|   |   |   |   |   |
|   |   |   |   |   |

평가  1회  2회  확인

차근차근 주판으로 해 보세요.

| 1 | 2 | 3 | 4 | 5 |
|---|---|---|---|---|
| 7 9 3 9 1 | 7 9 2 9 2 | 3 5 9 9 1 | 6 9 2 9 3 | 2 9 5 9 4 |
| | | | | |
| | | | | |

| 6 | 7 | 8 | 9 | 10 |
|---|---|---|---|---|
| 1 7 1 9 1 | 2 6 9 9 2 | 6 9 3 9 2 | 2 5 9 2 9 | 8 9 9 2 1 |
| | | | | |
| | | | | |

| 11 | 12 | 13 | 14 | 15 |
|---|---|---|---|---|
| 3 6 9 9 1 | 5 3 1 9 9 | 4 5 9 1 9 | 3 5 1 9 1 | 4 9 9 2 9 |
| | | | | |
| | | | | |

평가

| 1회 | 2회 | | 확인 |
|---|---|---|---|

차근차근 주판으로 해 보세요.

| 1 | 2 | 3 | 4 | 5 |
|---|---|---|---|---|
| 4<br>9<br>5<br>9<br>1 | 8<br>1<br>9<br>9<br>2 | 9<br>9<br>1<br>9<br>1 | 6<br>9<br>1<br>2<br>9 | 2<br>5<br>9<br>9<br>3 |
| | | | | |
| | | | | |

| 6 | 7 | 8 | 9 | 10 |
|---|---|---|---|---|
| 1<br>6<br>9<br>2<br>9 | 5<br>1<br>9<br>4<br>9 | 7<br>9<br>2<br>9<br>2 | 1<br>9<br>3<br>9<br>7 | 7<br>1<br>9<br>9<br>3 |
| | | | | |
| | | | | |

| 11 | 12 | 13 | 14 | 15 |
|---|---|---|---|---|
| 2<br>6<br>9<br>1<br>9 | 5<br>2<br>9<br>3<br>9 | 4<br>9<br>9<br>5<br>2 | 3<br>5<br>9<br>2<br>9 | 6<br>3<br>9<br>9<br>2 |
| | | | | |
| | | | | |

| 1회 | 2회 |
|---|---|
| | |

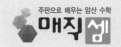

### 1일차 — 좀더 실력을 쌓아 볼까요?

| 1 | 2 | 3 | 4 | 5 |
|---|---|---|---|---|
| 7 | 4 | 6 | 8 | 6 |
| 9 | 5 | 9 | 9 | 9 |
| 2 | 9 | 1 | 2 | 2 |
| 9 | 1 | 3 | 9 | 1 |
| 2 | 9 | 9 | 1 | 9 |
| 9 | 1 | 9 | 9 | 2 |
| 9 | 9 | 2 | 1 | 9 |
|   |   |   |   |   |
|   |   |   |   |   |

| 6 | 7 | 8 | 9 | 10 |
|---|---|---|---|----|
| 7 | 5 | 3 | 2 | 3 |
| 9 | 3 | 5 | 5 | 9 |
| 9 | 9 | 1 | 9 | 5 |
| 2 | 2 | 9 | 9 | 9 |
| 9 | 9 | 1 | 1 | 1 |
| 3 | 1 | 9 | 2 | 9 |
| 9 | 9 | 1 | 9 | 3 |
|   |   |   |   |   |
|   |   |   |   |   |

| 11 | 12 | 13 | 14 | 15 |
|----|----|----|----|----|
| 2 | 7 | 6 | 5 | 2 |
| 9 | 1 | 1 | 2 | 9 |
| 9 | 1 | 2 | 9 | 6 |
| 1 | 9 | 9 | 1 | 9 |
| 7 | 1 | 9 | 9 | 3 |
| 9 | 9 | 2 | 9 | 9 |
| 2 | 1 | 9 | 3 | 1 |
|   |   |   |   |   |
|   |   |   |   |   |

평가  1회  2회  확인

15

실력쑥쑥

좀더 실력을 쌓아 볼까요?

| 1 | 2 | 3 | 4 | 5 |
|---|---|---|---|---|
| 4 5 9 1 9 9 2 | 2 9 9 5 4 9 1 | 6 9 1 3 9 1 9 | 1 6 9 2 9 2 9 | 7 9 1 9 3 9 1 |

| 6 | 7 | 8 | 9 | 10 |
|---|---|---|---|---|
| 3 5 9 9 1 2 9 | 1 9 3 9 7 9 1 | 2 6 9 1 9 2 9 | 4 9 9 5 2 9 1 | 8 9 9 3 9 1 9 |

| 11 | 12 | 13 | 14 | 15 |
|---|---|---|---|---|
| 3 5 7 2 9 3 9 | 5 3 9 9 1 9 2 | 5 2 9 9 2 9 3 | 6 9 2 9 3 9 1 | 3 9 2 9 5 9 2 |

평가

| 1회 | 2회 |
|---|---|

확인

암산술술

**1일차** 머릿속에 주판을 그리며 풀어 보세요.

| | | | | |
|---|---|---|---|---|
| 1 | $4 + 9 =$ | 6 | $8 + 9 + 1 =$ |
| 2 | $1 + 7 =$ | 7 | $2 + 7 + 9 =$ |
| 3 | $3 + 9 =$ | 8 | $6 + 9 + 4 =$ |
| 4 | $2 + 5 =$ | 9 | $4 + 5 + 9 =$ |
| 5 | $1 + 9 =$ | 10 | $3 + 9 + 6 =$ |

| 11 | 12 | 13 | 14 | 15 |
|---|---|---|---|---|
| 6<br>9 | 2<br>7 | 4<br>0 | 7<br>9 | 8<br>9 |
| | | | | |
| | | | | |

| 16 | 17 | 18 | 19 | 20 |
|---|---|---|---|---|
| 5<br>1<br>9 | 6<br>9<br>3 | 1<br>7<br>9 | 3<br>9<br>6 | 2<br>9<br>9 |
| | | | | |
| | | | | |

평가

| 1회 | 2회 | |
|---|---|---|

확인

### 10을 이용한 8의 덧셈

2일차

2, 3, 4, 7, 8, 9에 8을 더할 때는 십의 자리에서 엄지로 아래 한 알을 올리고, 일의 자리에서 엄지로 아래 두 알을 내린다.

$$3 + 8 = 11$$

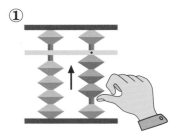

① 일의 자리에서 엄지로 아래 세 알을 올린다.

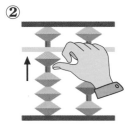

② 십의 자리에서 엄지로 아래 한 알을 올린다.

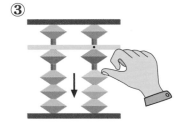

③ 일의 자리에서 엄지로 아래 두 알을 내린다.

| 1 | 2 | 3 | 4 | 5 |
|---|---|---|---|---|
| 3<br>8<br>6 | 2<br>1<br>8 | 7<br>8<br>4 | 3<br>5<br>9 | 9<br>8<br>9 |
|  |  |  |  |  |
|  |  |  |  |  |

| 6 | 7 | 8 | 9 | 10 |
|---|---|---|---|---|
| 5<br>2<br>8 | 8<br>9<br>2 | 4<br>9<br>8 | 3<br>8<br>1 | 4<br>8<br>5 |
|  |  |  |  |  |
|  |  |  |  |  |

평가

| 1회 | 2회 |
|---|---|
|  |  |

확인

18

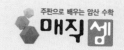

2일차 · 차근차근 주판으로 해 보세요.

| 1 | 2 | 3 | 4 | 5 |
|---|---|---|---|---|
| 6<br>1<br>8<br>2<br>9 | 8<br>9<br>2<br>8<br>2 | 7<br>2<br>8<br>9<br>2 | 4<br>8<br>9<br>2<br>8 | 2<br>7<br>8<br>9<br>3 |
|  |  |  |  |  |
|  |  |  |  |  |

| 6 | 7 | 8 | 9 | 10 |
|---|---|---|---|---|
| 5<br>2<br>9<br>3<br>8 | 4<br>9<br>5<br>8<br>3 | 9<br>9<br>8<br>3<br>8 | 1<br>9<br>8<br>9<br>2 | 5<br>2<br>8<br>2<br>9 |
|  |  |  |  |  |
|  |  |  |  |  |

| 11 | 12 | 13 | 14 | 15 |
|---|---|---|---|---|
| 7<br>8<br>4<br>9<br>1 | 3<br>8<br>9<br>6<br>9 | 8<br>9<br>8<br>4<br>9 | 6<br>9<br>4<br>8<br>8 | 2<br>5<br>9<br>2<br>8 |
|  |  |  |  |  |
|  |  |  |  |  |

평가  1회  2회  확인

기초탄탄

차근차근 주판으로 해 보세요.

| 1 | 2 | 3 | 4 | 5 |
|---|---|---|---|---|
| 9<br>9<br>8<br>2<br>9 | 5<br>5<br>2<br>9<br>3<br>8 | 2<br>8<br>5<br>4<br>9 | 2<br>9<br>8<br>8<br>2 | 7<br>2<br>8<br>9<br>2 |
| | | | | |
| | | | | |

| 6 | 7 | 8 | 9 | 10 |
|---|---|---|---|---|
| 5<br>1<br>2<br>9<br>8 | 4<br>9<br>8<br>5<br>2 | 8<br>8<br>9<br>8<br>1<br>3 | 7<br>7<br>8<br>2<br>9<br>3 | 3<br>8<br>9<br>6<br>9 |
| | | | | |
| | | | | |

| 11 | 12 | 13 | 14 | 15 |
|---|---|---|---|---|
| 1<br>3<br>9<br>8<br>9 | 3<br>5<br>1<br>9<br>8 | 2<br>7<br>8<br>8<br>4 | 6<br>9<br>4<br>8<br>2 | 4<br>5<br>8<br>9<br>3 |
| | | | | |
| | | | | |

평가

| 1회 | 2회 |
|---|---|

확인

기초탄탄

2일차

차근차근 주판으로 해 보세요.

| 1 | 2 | 3 | 4 | 5 |
|---|---|---|---|---|
| 1<br>5<br>9<br>2<br>8 | 9<br>8<br>9<br>1<br>2 | 3<br>6<br>9<br>8<br>3 | 7<br>8<br>2<br>9<br>1 | 4<br>8<br>9<br>2<br>6 |
|  |  |  |  |  |
|  |  |  |  |  |

| 6 | 7 | 8 | 9 | 10 |
|---|---|---|---|---|
| 2<br>8<br>6<br>2<br>1 | 5<br>2<br>9<br>3<br>8 | 7<br>9<br>2<br>8<br>3 | 1<br>9<br>4<br>8<br>5 | 8<br>9<br>8<br>1<br>3 |
|  |  |  |  |  |
|  |  |  |  |  |

| 11 | 12 | 13 | 14 | 15 |
|---|---|---|---|---|
| 8<br>1<br>8<br>9<br>3 | 2<br>1<br>9<br>8<br>7 | 6<br>1<br>8<br>2<br>9 | 4<br>9<br>8<br>3<br>8 | 7<br>8<br>3<br>1<br>9 |
|  |  |  |  |  |
|  |  |  |  |  |

평가

| 1회 | 2회 |
|---|---|
|  |  |

확인

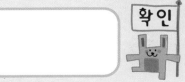

기초탄탄

차근차근 주판으로 해 보세요.

| 1 | 2 | 3 | 4 | 5 |
|---|---|---|---|---|
| 5 | 6 | 3 | 7 | 6 |
| 1 | 1 | 8 | 1 | 9 |
| 3 | 9 | 1 | 8 | 4 |
| 8 | 2 | 9 | 3 | 8 |
| 9 | 8 | 7 | 8 | 2 |
|   |   |   |   |   |
|   |   |   |   |   |

| 6 | 7 | 8 | 9 | 10 |
|---|---|---|---|---|
| 1 | 8 | 7 | 9 | 3 |
| 7 | 9 | 9 | 8 | 6 |
| 8 | 9 | 2 | 9 | 9 |
| 9 | 3 | 9 | 1 | 8 |
| 4 | 8 | 8 | 2 | 3 |
|   |   |   |   |   |
|   |   |   |   |   |

| 11 | 12 | 13 | 14 | 15 |
|---|---|---|---|---|
| 5 | 4 | 8 | 4 | 2 |
| 2 | 8 | 1 | 5 | 9 |
| 8 | 9 | 9 | 8 | 8 |
| 2 | 2 | 8 | 9 | 8 |
| 9 | 6 | 2 | 3 | 2 |
|   |   |   |   |   |
|   |   |   |   |   |

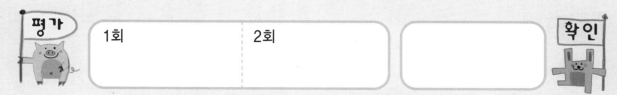

평가

| 1회 | 2회 |  |
|---|---|---|

확인

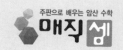

2일차

좀더 실력을 쌓아 볼까요?

| 1 | 2 | 3 | 4 | 5 |
|---|---|---|---|---|
| 2<br>9<br>8<br>8<br>2<br>8<br>1 | 8<br>8<br>9<br>3<br>1<br>9<br>1 | 1<br>8<br>8<br>9<br>3<br>8<br>9 | 5<br>4<br>8<br>9<br>2<br>9<br>8 | 6<br>2<br>8<br>3<br>9<br>1<br>8 |
| | | | | |
| | | | | |

| 6 | 7 | 8 | 9 | 10 |
|---|---|---|---|---|
| 5<br>2<br>9<br>3<br>8<br>8<br>4 | 6<br>9<br>4<br>8<br>2<br>8<br>2 | 4<br>9<br>8<br>5<br>2<br>1<br>8 | 7<br>8<br>2<br>9<br>1<br>8<br>4 | 8<br>9<br>8<br>1<br>3<br>9<br>8 |
| | | | | |
| | | | | |

| 11 | 12 | 13 | 14 | 15 |
|---|---|---|---|---|
| 4<br>5<br>8<br>9<br>3<br>8<br>1 | 9<br>8<br>9<br>2<br>8<br>3<br>8 | 3<br>8<br>1<br>9<br>7<br>8<br>2 | 9<br>8<br>1<br>9<br>8<br>4<br>8 | 2<br>1<br>9<br>8<br>7<br>8<br>4 |
| | | | | |
| | | | | |

평가

| 1회 | 2회 |
|---|---|
| | |

확인

23

좀더 실력을 쌓아 볼까요?

| 1 | 2 | 3 | 4 | 5 |
|---|---|---|---|---|
| 2 | 6 | 6 | 8 | 4 |
| 8 | 9 | 9 | 8 | 9 |
| 9 | 2 | 3 | 3 | 8 |
| 8 | 8 | 1 | 9 | 7 |
| 2 | 4 | 8 | 1 | 9 |
| 9 | 8 | 8 | 8 | 2 |
| 8 | 2 | 3 | 2 | 8 |
| | | | | |
| | | | | |

| 6 | 7 | 8 | 9 | 10 |
|---|---|---|---|---|
| 3 | 2 | 8 | 5 | 7 |
| 5 | 2 | 1 | 3 | 9 |
| 9 | 5 | 8 | 8 | 3 |
| 2 | 8 | 9 | 2 | 8 |
| 8 | 9 | 3 | 9 | 1 |
| 1 | 3 | 8 | 8 | 8 |
| 8 | 8 | 1 | 4 | 2 |
| | | | | |
| | | | | |

| 11 | 12 | 13 | 14 | 15 |
|---|---|---|---|---|
| 1 | 9 | 4 | 7 | 3 |
| 8 | 8 | 8 | 8 | 8 |
| 9 | 9 | 9 | 4 | 9 |
| 1 | 1 | 7 | 9 | 7 |
| 9 | 2 | 8 | 1 | 2 |
| 8 | 8 | 3 | 8 | 8 |
| 9 | 1 | 8 | 1 | 2 |
| | | | | |
| | | | | |

평가  1회   2회   확인

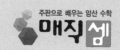

머릿속에 주판을 그리며 풀어 보세요.

| | |
|---|---|
| 1 | 2 + 8 = |
| 2 | 8 + 9 = |
| 3 | 4 + 8 = |
| 4 | 6 + 9 = |
| 5 | 3 + 8 = |

| | |
|---|---|
| 6 | 4 + 8 + 9 = |
| 7 | 7 + 2 + 8 = |
| 8 | 3 + 8 + 9 = |
| 9 | 8 + 9 + 8 = |
| 10 | 7 + 8 + 4 = |

| 11 | 12 | 13 | 14 | 15 |
|---|---|---|---|---|
| 2 8 | 3 9 | 5 4 | 7 8 | 9 8 |
| | | | | |
| | | | | |

| 16 | 17 | 18 | 19 | 20 |
|---|---|---|---|---|
| 2 1 8 | 4 8 6 | 3 5 9 | 6 3 8 | 2 8 5 |
| | | | | |
| | | | | |

| 평가 | 1회 | 2회 | | 확인 |
|---|---|---|---|---|

## 10을 이용한 7의 덧셈

3, 4, 8, 9에 7을 더할 때는 십의 자리에서 엄지로 아래 한 알을 올리고, 일의 자리에서 엄지로 아래 세 알을 내린다.

$$9 + 7 = 16$$

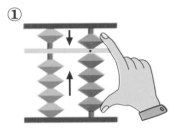

① 일의 자리에서 엄지로 아래 네 알을 올리는 동시에 검지로 윗알을 내린다.

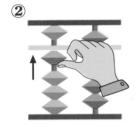

② 십의 자리에서 엄지로 아래 한 알을 올린다.

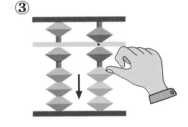

③ 일의 자리에서 엄지로 아래 세 알을 내린다.

| 1 | 2 | 3 | 4 | 5 |
|---|---|---|---|---|
| 9<br>7<br>9 | 8<br>1<br>7 | 3<br>7<br>5 | 8<br>9<br>9 | 4<br>8<br>7 |
|  |  |  |  |  |
|  |  |  |  |  |

| 6 | 7 | 8 | 9 | 10 |
|---|---|---|---|---|
| 4<br>7<br>9 | 8<br>7<br>3 | 4<br>9<br>7 | 2<br>8<br>6 | 3<br>7<br>9 |
|  |  |  |  |  |
|  |  |  |  |  |

평가 | 1회 | 2회 | | 확인

26

기초탄탄

3일차 차근차근 주판으로 해 보세요.

| 1 | 2 | 3 | 4 | 5 |
|---|---|---|---|---|
| 3<br>7<br>4<br>9<br>8 | 2<br>5<br>8<br>4<br>7 | 5<br>4<br>9<br>7<br>3 | 6<br>2<br>8<br>3<br>7 | 1<br>7<br>7<br>4<br>9 |
|   |   |   |   |   |
|   |   |   |   |   |

| 6 | 7 | 8 | 9 | 10 |
|---|---|---|---|---|
| 4<br>7<br>9<br>3<br>9 | 7<br>1<br>7<br>4<br>8 | 8<br>9<br>8<br>4<br>7 | 2<br>8<br>4<br>9<br>7 | 4<br>8<br>9<br>2<br>9 |
|   |   |   |   |   |
|   |   |   |   |   |

| 11 | 12 | 13 | 14 | 15 |
|----|----|----|----|----|
| 7<br>2<br>7<br>3<br>9 | 9<br>8<br>9<br>2<br>7 | 3<br>6<br>9<br>7<br>4 | 9<br>7<br>3<br>8<br>9 | 6<br>2<br>7<br>4<br>8 |
|    |    |    |    |    |
|    |    |    |    |    |

평가

| 1회 | 2회 |
|-----|-----|
|     |     |

확인

기초탄탄

차근차근 주판으로 해 보세요.

| 1 | 2 | 3 | 4 | 5 |
|---|---|---|---|---|
| 1<br>3<br>7<br>8<br>9 | 6<br>2<br>7<br>3<br>7 | 3<br>5<br>7<br>2<br>8 | 8<br>7<br>4<br>8<br>9 | 4<br>9<br>7<br>3<br>8 |
| | | | | |
| | | | | |

| 6 | 7 | 8 | 9 | 10 |
|---|---|---|---|---|
| 5<br>4<br>9<br>7<br>2 | 7<br>1<br>7<br>4<br>7 | 2<br>8<br>7<br>9<br>3 | 1<br>3<br>5<br>9<br>7 | 2<br>6<br>7<br>3<br>8 |
| | | | | |
| | | | | |

| 11 | 12 | 13 | 14 | 15 |
|---|---|---|---|---|
| 9<br>7<br>2<br>8<br>9 | 8<br>7<br>2<br>9<br>3 | 2<br>7<br>9<br>8<br>9 | 4<br>5<br>8<br>2<br>7 | 9<br>7<br>1<br>8<br>4 |
| | | | | |
| | | | | |

평가

| 1회 | 2회 |
|---|---|
| | |

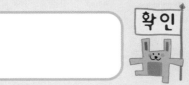

확인

차근차근 주판으로 해 보세요.

| 1 | 2 | 3 | 4 | 5 |
|---|---|---|---|---|
| 4 | 8 | 7 | 6 | 9 |
| 7 | 7 | 8 | 2 | 7 |
| 3 | 4 | 4 | 7 | 2 |
| 9 | 8 | 7 | 2 | 9 |
| 8 | 9 | 9 | 8 | 8 |
| | | | | |
| | | | | |

| 6 | 7 | 8 | 9 | 10 |
|---|---|---|---|---|
| 5 | 7 | 3 | 4 | 6 |
| 4 | 2 | 5 | 9 | 3 |
| 9 | 7 | 7 | 8 | 7 |
| 7 | 3 | 2 | 3 | 9 |
| 3 | 8 | 9 | 7 | 4 |
| | | | | |
| | | | | |

| 11 | 12 | 13 | 14 | 15 |
|---|---|---|---|---|
| 1 | 2 | 3 | 9 | 8 |
| 6 | 9 | 6 | 7 | 1 |
| 8 | 3 | 7 | 3 | 7 |
| 4 | 7 | 2 | 8 | 3 |
| 7 | 8 | 8 | 9 | 7 |
| | | | | |
| | | | | |

평가

| 1회 | 2회 |
|---|---|
| | |

확인

**3일차** 차근차근 주판으로 해 보세요.

| 1 | 2 | 3 | 4 | 5 |
|---|---|---|---|---|
| 5 | 6 | 8 | 6 | 9 |
| 4 | 2 | 1 | 1 | 7 |
| 9 | 7 | 8 | 8 | 3 |
| 7 | 4 | 2 | 4 | 8 |
| 2 | 8 | 7 | 7 | 9 |
| | | | | |
| | | | | |

| 6 | 7 | 8 | 9 | 10 |
|---|---|---|---|---|
| 1 | 4 | 9 | 3 | 7 |
| 8 | 8 | 8 | 8 | 2 |
| 9 | 5 | 2 | 3 | 7 |
| 1 | 2 | 7 | 9 | 9 |
| 7 | 7 | 3 | 7 | 3 |
| | | | | |
| | | | | |

| 11 | 12 | 13 | 14 | 15 |
|---|---|---|---|---|
| 4 | 2 | 7 | 2 | 3 |
| 7 | 7 | 1 | 6 | 7 |
| 9 | 9 | 8 | 7 | 4 |
| 2 | 7 | 3 | 3 | 9 |
| 8 | 4 | 7 | 8 | 8 |
| | | | | |
| | | | | |

평가

| 1회 | 2회 |
|---|---|
| | |

확인

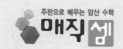

**3일차** 좀더 실력을 쌓아 볼까요?

| 1 | 2 | 3 | 4 | 5 |
|---|---|---|---|---|
| 4 | 9 | 8 | 5 | 6 |
| 7 | 7 | 9 | 4 | 1 |
| 9 | 2 | 8 | 7 | 8 |
| 2 | 8 | 4 | 1 | 4 |
| 9 | 3 | 7 | 2 | 7 |
| 3 | 7 | 3 | 7 | 1 |
| 7 | 2 | 8 | 9 | 8 |
|   |   |   |   |   |
|   |   |   |   |   |

| 6 | 7 | 8 | 9 | 10 |
|---|---|---|---|---|
| 5 | 4 | 3 | 1 | 7 |
| 4 | 8 | 8 | 1 | 1 |
| 9 | 9 | 3 | 6 | 7 |
| 7 | 1 | 9 | 8 | 4 |
| 2 | 9 | 7 | 4 | 8 |
| 1 | 8 | 4 | 9 | 2 |
| 7 | 7 | 8 | 7 | 8 |
|   |   |   | 3 |   |
|   |   |   |   |   |

| 11 | 12 | 13 | 14 | 15 |
|---|---|---|---|---|
| 1 | 3 | 2 | 6 | 7 |
| 7 | 6 | 9 | 2 | 2 |
| 9 | 7 | 6 | 7 | 7 |
| 8 | 2 | 2 | 3 | 9 |
| 4 | 8 | 7 | 8 | 3 |
| 9 | 9 | 2 | 3 | 8 |
| 7 | 4 | 8 | 7 | 2 |
|   |   |   |   |   |
|   |   |   |   |   |

평가

| 1회 | 2회 |  |
|---|---|---|

확인

실력쑥쑥

좀더 실력을 쌓아 볼까요?

| 1 | 2 | 3 | 4 | 5 |
|---|---|---|---|---|
| 4<br>7<br>9<br>2<br>8<br>7<br>9 | 6<br>3<br>7<br>9<br>4<br>8<br>9 | 8<br>1<br>7<br>3<br>8<br>2<br>7 | 2<br>9<br>3<br>7<br>8<br>7<br>9 | 8<br>7<br>4<br>7<br>9<br>4<br>7 |
| | | | | |
| | | | | |

| 6 | 7 | 8 | 9 | 10 |
|---|---|---|---|---|
| 2<br>8<br>4<br>9<br>7<br>6<br>9 | 9<br>7<br>1<br>2<br>7<br>9<br>4 | 3<br>7<br>4<br>9<br>7<br>8<br>9 | 5<br>4<br>9<br>7<br>3<br>8<br>2 | 6<br>2<br>7<br>4<br>8<br>2<br>7 |
| | | | | |
| | | | | |

| 11 | 12 | 13 | 14 | 15 |
|---|---|---|---|---|
| 3<br>5<br>1<br>7<br>2<br>8<br>2 | 1<br>6<br>8<br>4<br>7<br>3<br>8 | 4<br>9<br>7<br>3<br>8<br>7<br>9 | 7<br>8<br>1<br>3<br>7<br>2<br>1 | 9<br>7<br>3<br>9<br>8<br>3<br>7 |
| | | | | |
| | | | | |

평가

| 1회 | 2회 |
|---|---|
| | |

확인

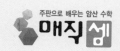

**3일차** 머릿속에 주판을 그리며 풀어 보세요.

| | |
|---|---|
| 1 | 4 + 7 = |
| 2 | 2 + 9 = |
| 3 | 3 + 8 = |
| 4 | 8 + 7 = |
| 5 | 4 + 9 = |

| | |
|---|---|
| 6 | 3 + 7 + 8 = |
| 7 | 9 + 8 + 9 = |
| 8 | 4 + 5 + 7 = |
| 9 | 8 + 7 + 2 = |
| 10 | 2 + 1 + 7 = |

| 11 | 12 | 13 | 14 | 15 |
|---|---|---|---|---|
| 3<br>7 | 6<br>9 | 8<br>8 | 4<br>7 | 2<br>9 |
| | | | | |
| | | | | |

| 16 | 17 | 18 | 19 | 20 |
|---|---|---|---|---|
| 2<br>1<br>7 | 5<br>2<br>8 | 9<br>7<br>1 | 7<br>8<br>4 | 8<br>7<br>2 |
| | | | | |
| | | | | |

평가

| 1회 | 2회 |
|---|---|
| | |

확인

# 10을 이용한 6의 덧셈

4, 9에 6을 더할 때는 십의 자리에서 엄지로 아래 한 알을 올리고, 일의 자리에서 엄지로 아래 네 알을 내린다.

$$9 + 6 = 15$$

①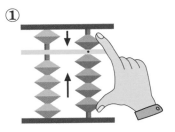

일의 자리에서 엄지로 아래 네 알을 올리는 동시에 검지로 윗알을 내린다.

②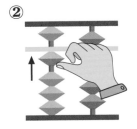

십의 자리에서 엄지로 아래 한 알을 올린다.

③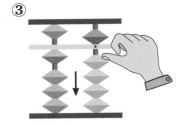

일의 자리에서 엄지로 아래 네 알을 내린다.

| 1 | 2 | 3 | 4 | 5 |
|---|---|---|---|---|
| 3 | 9 | 7 | 4 | 9 |
| 6 | 6 | 2 | 5 | 7 |
| 6 | 3 | 6 | 6 | 9 |
| | | | | |
| | | | | |

| 6 | 7 | 8 | 9 | 10 |
|---|---|---|---|---|
| 5 | 4 | 3 | 8 | 1 |
| 4 | 6 | 7 | 9 | 3 |
| 6 | 8 | 6 | 8 | 6 |
| | | | | |
| | | | | |

평가

| 1회 | 2회 | |
|---|---|---|

확인

차근차근 주판으로 해 보세요.

| 1 | 2 | 3 | 4 | 5 |
|---|---|---|---|---|
| 2 | 1 | 7 | 3 | 5 |
| 9 | 8 | 2 | 7 | 4 |
| 3 | 6 | 6 | 3 | 6 |
| 6 | 3 | 3 | 6 | 2 |
| 7 | 9 | 8 | 9 | 9 |
|   |   |   |   |   |
|   |   |   |   |   |

| 6 | 7 | 8 | 9 | 10 |
|---|---|---|---|---|
| 2 | 9 | 3 | 4 | 5 |
| 7 | 6 | 9 | 8 | 4 |
| 9 | 3 | 2 | 9 | 7 |
| 1 | 7 | 5 | 3 | 3 |
| 6 | 4 | 7 | 6 | 6 |
|   |   |   |   |   |
|   |   |   |   |   |

| 11 | 12 | 13 | 14 | 15 |
|---|---|---|---|---|
| 8 | 6 | 1 | 7 | 4 |
| 1 | 3 | 9 | 8 | 7 |
| 6 | 6 | 2 | 4 | 2 |
| 3 | 2 | 6 | 6 | 1 |
| 7 | 8 | 7 | 4 | 6 |
|   |   |   |   |   |
|   |   |   |   |   |

평가

| 1회 | 2회 |  |
|---|---|---|

확인

35

기초탄탄

차근차근 주판으로 해 보세요.

| 1 | 2 | 3 | 4 | 5 |
|---|---|---|---|---|
| 1<br>7<br>8<br>3<br>6 | 3<br>7<br>4<br>6<br>5 | 2<br>8<br>4<br>6<br>9 | 4<br>5<br>9<br>1<br>6 | 2<br>9<br>3<br>6<br>7 |
|  |  |  |  |  |
|  |  |  |  |  |

| 6 | 7 | 8 | 9 | 10 |
|---|---|---|---|---|
| 6<br>3<br>6<br>2<br>8 | 5<br>4<br>6<br>1<br>3 | 1<br>3<br>6<br>3<br>8 | 9<br>6<br>3<br>8<br>9 | 6<br>2<br>9<br>2<br>6 |
|  |  |  |  |  |
|  |  |  |  |  |

| 11 | 12 | 13 | 14 | 15 |
|---|---|---|---|---|
| 1<br>6<br>2<br>6<br>3 | 4<br>6<br>2<br>6<br>9 | 8<br>7<br>4<br>6<br>3 | 7<br>2<br>6<br>4<br>7 | 9<br>9<br>1<br>6<br>2 |
|  |  |  |  |  |
|  |  |  |  |  |

평가

| 1회 | 2회 |
|---|---|
|  |  |

확인

기초탄탄

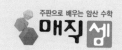

차근차근 주판으로 해 보세요.

| 1 | 2 | 3 | 4 | 5 |
|---|---|---|---|---|
| 4 | 8 | 7 | 3 | 2 |
| 9 | 9 | 9 | 6 | 8 |
| 1 | 2 | 3 | 6 | 9 |
| 6 | 6 | 6 | 2 | 6 |
| 8 | 3 | 4 | 8 | 2 |
| | | | | |
| | | | | |

| 6 | 7 | 8 | 9 | 10 |
|---|---|---|---|---|
| 8 | 9 | 2 | 3 | 1 |
| 1 | 6 | 9 | 7 | 7 |
| 6 | 3 | 3 | 4 | 8 |
| 3 | 7 | 6 | 6 | 3 |
| 7 | 4 | 2 | 5 | 6 |
| | | | | |
| | | | | |

| 11 | 12 | 13 | 14 | 15 |
|---|---|---|---|---|
| 6 | 4 | 7 | 9 | 5 |
| 1 | 5 | 2 | 6 | 4 |
| 9 | 6 | 7 | 1 | 6 |
| 3 | 4 | 3 | 1 | 1 |
| 6 | 6 | 6 | 8 | 9 |
| | | | | |
| | | | | |

평가

| 1회 | 2회 |
|---|---|
| | |

확인

4일차 차근차근 주판으로 해 보세요.

| 1 | 2 | 3 | 4 | 5 |
|---|---|---|---|---|
| 2<br>1<br>7<br>4<br>6 | 5<br>4<br>6<br>2<br>8 | 7<br>2<br>6<br>3<br>8 | 2<br>8<br>4<br>6<br>9 | 7<br>9<br>3<br>6<br>4 |
|  |  |  |  |  |
|  |  |  |  |  |

| 6 | 7 | 8 | 9 | 10 |
|---|---|---|---|---|
| 8<br>7<br>4<br>6<br>3 | 1<br>5<br>3<br>6<br>4 | 5<br>4<br>8<br>2<br>6 | 8<br>1<br>6<br>4<br>6 | 9<br>6<br>3<br>7<br>4 |
|  |  |  |  |  |
|  |  |  |  |  |

| 11 | 12 | 13 | 14 | 15 |
|---|---|---|---|---|
| 4<br>7<br>3<br>6<br>1 | 9<br>6<br>4<br>7<br>9 | 6<br>9<br>4<br>6<br>2 | 3<br>8<br>3<br>6<br>5 | 4<br>5<br>6<br>2<br>8 |
|  |  |  |  |  |
|  |  |  |  |  |

평가 | 1회 | 2회 | | 확인

38

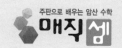

실력쑥쑥

4일차 | 좀더 실력을 쌓아 볼까요?

| 1 | 2 | 3 | 4 | 5 |
|---|---|---|---|---|
| 2<br>9<br>3<br>6<br>7<br>8<br>3 | 8<br>7<br>4<br>6<br>3<br>9<br>2 | 7<br>9<br>2<br>8<br>3<br>6<br>4 | 4<br>9<br>1<br>6<br>2<br>8<br>4 | 7<br>9<br>3<br>6<br>4<br>7<br>2 |
| | | | | |
| | | | | |

| 6 | 7 | 8 | 9 | 10 |
|---|---|---|---|---|
| 3<br>7<br>4<br>5<br>8<br>2<br>6 | 1<br>7<br>8<br>3<br>6<br>4<br>7 | 3<br>7<br>2<br>2<br>2<br>8<br>7 | 4<br>8<br>2<br>6<br>5<br>4<br>6 | 1<br>6<br>2<br>6<br>3<br>8<br>9 |
| | | | | |
| | | | | |

| 11 | 12 | 13 | 14 | 15 |
|---|---|---|---|---|
| 3<br>6<br>6<br>3<br>7<br>4<br>8 | 5<br>4<br>6<br>3<br>8<br>2<br>7 | 8<br>1<br>6<br>3<br>7<br>4<br>6 | 2<br>7<br>9<br>1<br>6<br>3<br>8 | 9<br>6<br>3<br>7<br>4<br>7<br>3 |
| | | | | |
| | | | | |

평가

| 1회 | 2회 |
|---|---|
| | |

확인

실력쑥쑥

좀더 실력을 쌓아 볼까요?

| 1 | 2 | 3 | 4 | 5 |
|---|---|---|---|---|
| 1<br>8<br>6<br>3<br>7<br>4<br>6 | 4<br>5<br>6<br>2<br>8<br>3<br>7 | 3<br>8<br>3<br>6<br>5<br>2<br>8 | 9<br>6<br>3<br>7<br>4<br>7<br>9 | 2<br>6<br>9<br>2<br>6<br>3<br>7 |
| | | | | |
| | | | | |

| 6 | 7 | 8 | 9 | 10 |
|---|---|---|---|---|
| 3<br>8<br>9<br>4<br>6<br>7<br>8 | 6<br>3<br>8<br>8<br>4<br>6<br>3 | 5<br>4<br>6<br>2<br>9<br>9<br>4 | 8<br>1<br>6<br>3<br>1<br>6<br>4 | 4<br>8<br>9<br>3<br>6<br>8<br>7 |
| | | | | |
| | | | | |

| 11 | 12 | 13 | 14 | 15 |
|---|---|---|---|---|
| 2<br>5<br>1<br>7<br>4<br>6<br>2 | 7<br>2<br>7<br>3<br>6<br>4<br>6 | 6<br>1<br>2<br>6<br>4<br>9<br>7 | 5<br>1<br>9<br>4<br>6<br>4<br>8 | 3<br>9<br>8<br>3<br>6<br>7<br>9 |
| | | | | |
| | | | | |

평가 1회 2회 확인

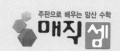

머릿속에 주판을 그리며 풀어 보세요.

| 1 | 4 + 6 = | 6 | 7 + 2 + 6 = |
|---|---|---|---|
| 2 | 3 + 9 = | 7 | 4 + 8 + 9 = |
| 3 | 2 + 8 = | 8 | 3 + 5 + 7 = |
| 4 | 4 + 7 = | 9 | 9 + 6 + 2 = |
| 5 | 9 + 6 = | 10 | 1 + 8 + 6 = |

| 11 | 12 | 13 | 14 | 15 |
|---|---|---|---|---|
| 4<br>6 | 3<br>6 | 7<br>8 | 9<br>6 | 4<br>9 |
| | | | | |
| | | | | |

| 16 | 17 | 18 | 19 | 20 |
|---|---|---|---|---|
| 9<br>8<br>9 | 5<br>4<br>6 | 3<br>1<br>7 | 6<br>9<br>3 | 7<br>2<br>6 |
| | | | | |
| | | | | |

핵심콕콕

5일차

# 10을 이용한 5의 덧셈

5, 6, 7, 8, 9에 5를 더할 때는 십의 자리에서 엄지로 아래 한 알을 올리고, 일의 자리에서 검지로 윗알을 올린다.

$$7 + 5 = 12$$

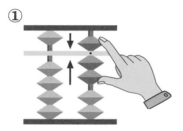

① 일의 자리에서 엄지로 아래 두 알을 올리는 동시에 검지로 윗알을 내린다.

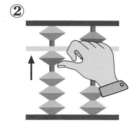

② 십의 자리에서 엄지로 아래 한 알을 올린다.

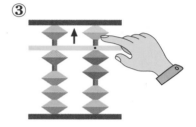

③ 일의 자리에서 검지로 윗알을 올린다.

| 1 | 2 | 3 | 4 | 5 |
|---|---|---|---|---|
| 7<br>5<br>9 | 8<br>7<br>5 | 6<br>5<br>3 | 5<br>5<br>8 | 9<br>6<br>5 |
|  |  |  |  |  |
|  |  |  |  |  |

| 6 | 7 | 8 | 9 | 10 |
|---|---|---|---|---|
| 9<br>8<br>5 | 6<br>9<br>2 | 3<br>6<br>5 | 6<br>1<br>5 | 5<br>4<br>5 |
|  |  |  |  |  |
|  |  |  |  |  |

평가

| 1회 | 2회 |
|-----|-----|
|     |     |

확인

기초탄탄

5일차     차근차근 주판으로 해 보세요.

| 1 | 2 | 3 | 4 | 5 |
|---|---|---|---|---|
| 4<br>7<br>9<br>6<br>5 | 2<br>9<br>3<br>6<br>5 | 1<br>5<br>5<br>8<br>6 | 5<br>4<br>8<br>9<br>5 | 7<br>2<br>7<br>5<br>3 |
|  |  |  |  |  |
|  |  |  |  |  |

| 6 | 7 | 8 | 9 | 10 |
|---|---|---|---|---|
| 7<br>5<br>2<br>6<br>2 | 3<br>8<br>8<br>6<br>5 | 2<br>7<br>9<br>5<br>6 | 4<br>5<br>6<br>5<br>7 | 3<br>6<br>6<br>5<br>7 |
|  |  |  |  |  |
|  |  |  |  |  |

| 11 | 12 | 13 | 14 | 15 |
|---|---|---|---|---|
| 1<br>9<br>6<br>5<br>7 | 6<br>5<br>3<br>8<br>9 | 9<br>6<br>5<br>3<br>7 | 6<br>3<br>6<br>2<br>5 | 8<br>9<br>8<br>5<br>3 |
|  |  |  |  |  |
|  |  |  |  |  |

평가

| 1회 | 2회 |
|---|---|
|  |  |

확인

차근차근 주판으로 해 보세요.

| 1 | 2 | 3 | 4 | 5 |
|---|---|---|---|---|
| 2<br>7<br>6<br>5<br>8 | 8<br>5<br>7<br>1<br>6 | 7<br>8<br>5<br>2<br>1 | 3<br>7<br>5<br>4<br>6 | 2<br>5<br>9<br>3<br>5 |
|  |  |  |  |  |
|  |  |  |  |  |

| 6 | 7 | 8 | 9 | 10 |
|---|---|---|---|---|
| 3<br>8<br>9<br>6<br>5 | 1<br>6<br>1<br>5<br>8 | 7<br>2<br>5<br>9<br>7 | 6<br>5<br>9<br>4<br>6 | 1<br>8<br>6<br>5<br>5 |
|  |  |  |  |  |
|  |  |  |  |  |

| 11 | 12 | 13 | 14 | 15 |
|---|---|---|---|---|
| 8<br>9<br>5<br>8<br>6 | 5<br>4<br>6<br>5<br>2 | 9<br>6<br>2<br>5<br>8 | 6<br>9<br>5<br>3<br>7 | 4<br>6<br>7<br>9<br>5 |
|  |  |  |  |  |
|  |  |  |  |  |

평가

| 1회 | 2회 |
|---|---|
|  |  |

확인

기초탄탄

5일차

차근차근 주판으로 해 보세요.

| 1 | 2 | 3 | 4 | 5 |
|---|---|---|---|---|
| 7<br>5<br>6<br>5<br>8 | 4<br>5<br>5<br>6<br>2 | 9<br>5<br>7<br>1<br>8 | 6<br>3<br>6<br>2<br>5 | 5<br>2<br>9<br>9<br>5 |
|  |  |  |  |  |
|  |  |  |  |  |

| 6 | 7 | 8 | 9 | 10 |
|---|---|---|---|---|
| 6<br>1<br>5<br>2<br>6 | 1<br>6<br>1<br>5<br>8 | 2<br>5<br>1<br>8<br>3 | 8<br>5<br>7<br>1<br>6 | 9<br>6<br>5<br>3<br>7 |
|  |  |  |  |  |
|  |  |  |  |  |

| 11 | 12 | 13 | 14 | 15 |
|---|---|---|---|---|
| 6<br>9<br>3<br>5<br>7 | 3<br>8<br>6<br>9<br>5 | 4<br>7<br>9<br>6<br>5 | 7<br>9<br>3<br>6<br>5 | 5<br>5<br>7<br>2<br>8 |
|  |  |  |  |  |
|  |  |  |  |  |

평가

| 1회 | 2회 |
|---|---|
|  |  |

확인

5일차 차근차근 주판으로 해 보세요.

| 1 | 2 | 3 | 4 | 5 |
|---|---|---|---|---|
| 7 | 2 | 8 | 4 | 3 |
| 2 | 9 | 9 | 6 | 6 |
| 6 | 8 | 8 | 5 | 5 |
| 5 | 9 | 5 | 4 | 6 |
| 3 | 7 | 3 | 6 | 1 |
|   |   |   |   |   |
|   |   |   |   |   |

| 6 | 7 | 8 | 9 | 10 |
|---|---|---|---|----|
| 2 | 8 | 9 | 4 | 5 |
| 8 | 1 | 6 | 9 | 4 |
| 7 | 5 | 5 | 7 | 8 |
| 5 | 9 | 2 | 6 | 9 |
| 6 | 7 | 1 | 5 | 5 |
|   |   |   |   |   |
|   |   |   |   |   |

| 11 | 12 | 13 | 14 | 15 |
|----|----|----|----|----|
| 9 | 7 | 6 | 3 | 1 |
| 5 | 2 | 5 | 8 | 7 |
| 7 | 5 | 9 | 5 | 5 |
| 2 | 6 | 4 | 9 | 6 |
| 8 | 4 | 6 | 5 |   |
|   |   |   |   |   |
|   |   |   |   |   |

평가 1회 2회 확인

실력쑥쑥

5일차

좀더 실력을 쌓아 볼까요?

| 1 | 2 | 3 | 4 | 5 |
|---|---|---|---|---|
| 4<br>8<br>2<br>5<br>6<br>4<br>5 | 4<br>6<br>5<br>3<br>8<br>5<br>2 | 3<br>8<br>9<br>6<br>5<br>8<br>9 | 7<br>1<br>5<br>9<br>7<br>9<br>5 | 7<br>2<br>6<br>5<br>8<br>5<br>7 |
|  |  |  |  |  |
|  |  |  |  |  |

| 6 | 7 | 8 | 9 | 10 |
|---|---|---|---|---|
| 6<br>3<br>8<br>2<br>7<br>5<br>3 | 8<br>7<br>5<br>2<br>9<br>6<br>9 | 2<br>5<br>9<br>3<br>5<br>7<br>9 | 1<br>8<br>5<br>6<br>4<br>8<br>5 | 1<br>5<br>3<br>8<br>9<br>5<br>8 |
|  |  |  |  |  |
|  |  |  |  |  |

| 11 | 12 | 13 | 14 | 15 |
|---|---|---|---|---|
| 9<br>5<br>7<br>3<br>7<br>8<br>5 | 2<br>9<br>8<br>6<br>5<br>7<br>8 | 3<br>6<br>6<br>5<br>7<br>9<br>5 | 3<br>8<br>7<br>1<br>5<br>6<br>4 | 9<br>5<br>6<br>2<br>8<br>7<br>5 |
|  |  |  |  |  |
|  |  |  |  |  |

평가

| 1회 | 2회 |
|---|---|

확인

실력쑥쑥

좀더 실력을 쌓아 볼까요?

| 1 | 2 | 3 | 4 | 5 |
|---|---|---|---|---|
| 2<br>6<br>7<br>5<br>3<br>6<br>5 | 6<br>9<br>5<br>3<br>7<br>8<br>7 | 7<br>5<br>2<br>6<br>8<br>5<br>9 | 4<br>7<br>9<br>6<br>5<br>8<br>6 | 7<br>2<br>6<br>4<br>6<br>3<br>5 |
| | | | | |
| | | | | |

| 6 | 7 | 8 | 9 | 10 |
|---|---|---|---|---|
| 3<br>9<br>2<br>5<br>7<br>5<br>8 | 8<br>5<br>7<br>4<br>6<br>8<br>7 | 1<br>8<br>5<br>6<br>3<br>6<br>5 | 2<br>9<br>3<br>6<br>5<br>4<br>5 | 3<br>6<br>8<br>5<br>9<br>7<br>8 |
| | | | | |
| | | | | |

| 11 | 12 | 13 | 14 | 15 |
|---|---|---|---|---|
| 4<br>6<br>9<br>5<br>7<br>8<br>5 | 9<br>6<br>5<br>2<br>1<br>8<br>7 | 2<br>7<br>8<br>1<br>8<br>5<br>8 | 8<br>5<br>1<br>7<br>9<br>6<br>5 | 6<br>1<br>5<br>2<br>6<br>7<br>5 |
| | | | | |
| | | | | |

평가

| 1회 | 2회 |
|---|---|
| | |

확인

48

머릿속에 주판을 그리며 풀어 보세요.

| | | | | |
|---|---|---|---|---|
| 1 | 9 + 5 = | 6 | 5 + 1 + 5 = | |
| 2 | 4 + 6 = | 7 | 3 + 8 + 9 = | |
| 3 | 7 + 5 = | 8 | 2 + 2 + 6 = | |
| 4 | 3 + 7 = | 9 | 6 + 3 + 8 = | |
| 5 | 6 + 5 = | 10 | 7 + 5 + 7 = | |

| 11 | 12 | 13 | 14 | 15 |
|---|---|---|---|---|
| 5 5 | 8 9 | 8 5 | 4 6 | 3 8 |
| | | | | |
| | | | | |

| 16 | 17 | 18 | 19 | 20 |
|---|---|---|---|---|
| 5 4 5 | 6 9 2 | 4 7 8 | 7 5 5 | 8 5 7 |
| | | | | |
| | | | | |

 평가

| 1회 | 2회 |
|---|---|
| | |

 확인

# 5를 이용한 1의 덧셈

4에 1을 더할 때는 아래알만으로 1을 더할 수 없으므로, 검지로 윗알을 내리는 동시에 엄지로 아래 네 알을 내린다.

$$4 + 1 = 5$$

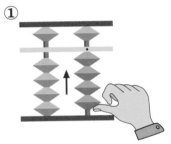

① 일의 자리에서 엄지로 아래 네 알을 올린다.

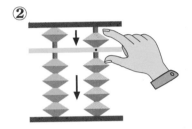

② 검지로 윗알을 내리는 동시에 엄지로 아래 네 알을 내린다.

| 1 | 2 | 3 | 4 | 5 |
|---|---|---|---|---|
| 4<br>ㅣ<br>3 | 9<br>5<br>ㅣ | 4<br>ㅣ<br>4 | ㅣ<br>3<br>ㅣ | 3<br>8<br>9 |
| | | | | |
| | | | | |

| 6 | 7 | 8 | 9 | 10 |
|---|---|---|---|---|
| 4<br>6<br>9 | 4<br>ㅣ<br>2 | 6<br>3<br>5 | 3<br>ㅣ<br>ㅣ | 8<br>5<br>7 |
| | | | | |
| | | | | |

평가

| 1회 | 2회 |
|-----|-----|
| | |

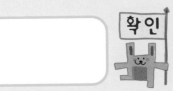

확인

기초탄탄

**6일차** 차근차근 주판으로 해 보세요.

| 1 | 2 | 3 | 4 | 5 |
|---|---|---|---|---|
| 2 | 7 | 8 | 7 | 1 |
| 2 | 8 | 9 | 9 | 7 |
| 1 | 5 | 2 | 5 | 5 |
| 3 | 4 | 5 | 3 | 1 |
| 7 | 1 | 6 | 1 | |
| | | | | |
| | | | | |

| 6 | 7 | 8 | 9 | 10 |
|---|---|---|---|---|
| 6 | 5 | 9 | 3 | 1 |
| 3 | 4 | 5 | 1 | 9 |
| 5 | 6 | 1 | 1 | 4 |
| 1 | 3 | 3 | 4 | 1 |
| 4 | 7 | 8 | 7 | 3 |
| | | | | |
| | | | | |

| 11 | 12 | 13 | 14 | 15 |
|---|---|---|---|---|
| 4 | 1 | 6 | 4 | 3 |
| 1 | 8 | 5 | 5 | 6 |
| 5 | 5 | 3 | 6 | 5 |
| 4 | 1 | 1 | 5 | 1 |
| 1 | 5 | 2 | 4 | 2 |
| | | | | |
| | | | | |

평가    1회    2회    확인

기초탄탄

차근차근 주판으로 해 보세요.

| 1 | 2 | 3 | 4 | 5 |
|---|---|---|---|---|
| 4 | 8 | 5 | 4 | 8 |
| 1 | 5 | 1 | 1 | 1 |
| 4 | 1 | 5 | 5 | 6 |
| 9 | 1 | 3 | 7 | 4 |
| 8 | 5 | 1 | 1 | 9 |
|   |   |   |   |   |
|   |   |   |   |   |

| 6 | 7 | 8 | 9 | 10 |
|---|---|---|---|---|
| 5 | 2 | 3 | 7 | 6 |
| 5 | 9 | 6 | 5 | 5 |
| 2 | 8 | 5 | 2 | 3 |
| 2 | 5 | 1 | 1 | 1 |
| 1 | 1 | 4 | 5 | 3 |
|   |   |   |   |   |
|   |   |   |   |   |

| 11 | 12 | 13 | 14 | 15 |
|---|---|---|---|---|
| 9 | 8 | 9 | 3 | 2 |
| 5 | 7 | 8 | 5 | 2 |
| 1 | 5 | 5 | 7 | 1 |
| 4 | 4 | 2 | 4 | 3 |
| 6 | 1 | 1 | 5 | 7 |
|   |   |   |   |   |
|   |   |   |   |   |

평가

| 1회 | 2회 |
|---|---|
|  |  |

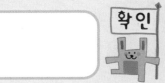

확인

차근차근 주판으로 해 보세요.

| 1 | 2 | 3 | 4 | 5 |
|---|---|---|---|---|
| 3<br>6<br>5<br>1<br>3 | 9<br>7<br>3<br>7<br>5 | 9<br>5<br>6<br>5<br>4 | 1<br>9<br>4<br>1<br>3 | 4<br>5<br>5<br>1<br>3 |
| | | | | |
| | | | | |

| 6 | 7 | 8 | 9 | 10 |
|---|---|---|---|---|
| 4<br>1<br>5<br>2<br>7 | 3<br>9<br>2<br>1<br>5 | 1<br>3<br>1<br>4<br>8 | 2<br>6<br>5<br>7<br>6 | 8<br>7<br>4<br>5<br>1 |
| | | | | |
| | | | | |

| 11 | 12 | 13 | 14 | 15 |
|---|---|---|---|---|
| 7<br>9<br>3<br>6<br>5 | 8<br>8<br>5<br>3<br>7 | 2<br>1<br>8<br>3<br>1 | 6<br>5<br>9<br>7<br>2 | 7<br>2<br>5<br>1<br>4 |
| | | | | |
| | | | | |

평가

| 1회 | 2회 |
|---|---|
| | |

확인

53

기초탄탄

차근차근 주판으로 해 보세요.

| 1 | 2 | 3 | 4 | 5 |
|---|---|---|---|---|
| 4<br>5<br>5<br>1<br>3 | 8<br>1<br>5<br>1<br>4 | 4<br>1<br>2<br>8<br>5 | 2<br>9<br>8<br>5<br>1 | 6<br>9<br>5<br>4<br>1 |
|  |  |  |  |  |
|  |  |  |  |  |

| 6 | 7 | 8 | 9 | 10 |
|---|---|---|---|---|
| 7<br>2<br>5<br>1<br>4 | 1<br>9<br>4<br>1<br>3 | 8<br>7<br>5<br>4<br>1 | 9<br>6<br>4<br>6<br>2 | 6<br>3<br>7<br>5<br>8 |
|  |  |  |  |  |
|  |  |  |  |  |

| 11 | 12 | 13 | 14 | 15 |
|---|---|---|---|---|
| 2<br>6<br>1<br>5<br>1 | 7<br>9<br>5<br>3<br>1 | 3<br>6<br>5<br>1<br>3 | 1<br>8<br>5<br>1<br>5 | 5<br>2<br>5<br>1<br>8 |
|  |  |  |  |  |
|  |  |  |  |  |

평가

| 1회 | 2회 | |
|---|---|---|

확인

실력쑥쑥

**6일차**

좀더 실력을 쌓아 볼까요?

| 1 | 2 | 3 | 4 | 5 |
|---|---|---|---|---|
| 6<br>5<br>3<br>1<br>4<br>6<br>5 | 8<br>5<br>1<br>1<br>3<br>7<br>5 | 9<br>5<br>8<br>2<br>1<br>5<br>4 | 5<br>2<br>5<br>8<br>9<br>5<br>1 | 2<br>9<br>3<br>5<br>6<br>5<br>7 |
| | | | | |
| | | | | |

| 6 | 7 | 8 | 9 | 10 |
|---|---|---|---|---|
| 2<br>2<br>5<br>6<br>5<br>4<br>1 | 3<br>1<br>5<br>7<br>2<br>5<br>6 | 6<br>3<br>5<br>1<br>3<br>8<br>5 | 7<br>8<br>5<br>4<br>1<br>5<br>9 | 4<br>1<br>5<br>7<br>2<br>7<br>5 |
| | | | | |
| | | | | |

| 11 | 12 | 13 | 14 | 15 |
|---|---|---|---|---|
| 9<br>5<br>1<br>4<br>6<br>5<br>8 | 4<br>1<br>5<br>2<br>8<br>7<br>5 | 3<br>6<br>5<br>1<br>3<br>5<br>8 | 7<br>2<br>5<br>1<br>3<br>7<br>5 | 5<br>4<br>5<br>1<br>4<br>9<br>9 |
| | | | | |
| | | | | |

평가

| 1회 | 2회 |
|---|---|
| | |

확인

실력쑥쑥

좀더 실력을 쌓아 볼까요?

| 1 | 2 | 3 | 4 | 5 |
|---|---|---|---|---|
| 2 9 3 1 2 8 3 | 6 5 9 4 1 4 6 | 2 2 1 3 8 3 5 | 9 5 8 2 1 5 7 | 7 2 5 1 4 7 5 |
|  |  |  |  |  |
|  |  |  |  |  |

| 6 | 7 | 8 | 9 | 10 |
|---|---|---|---|---|
| 4 1 5 4 1 3 8 | 7 8 2 5 9 8 5 | 6 3 9 1 5 1 4 | 3 5 7 4 5 1 4 | 8 5 7 4 1 4 6 |
|  |  |  |  |  |
|  |  |  |  |  |

| 11 | 12 | 13 | 14 | 15 |
|---|---|---|---|---|
| 2 9 8 5 1 4 7 | 3 6 5 1 5 4 9 | 9 5 9 1 1 3 8 | 8 9 5 7 6 5 6 | 5 4 5 1 3 7 5 |
|  |  |  |  |  |
|  |  |  |  |  |

평가

| 1회 | 2회 |
|---|---|
|  |  |

확인

56

암산술술

6일차 머릿속에 주판을 그리며 풀어 보세요.

| | |
|---|---|
| 1 | 4 + 1 = |
| 2 | 5 + 5 = |
| 3 | 8 + 8 = |
| 4 | 9 + 9 = |
| 5 | 3 + 7 = |

| | |
|---|---|
| 6 | 4 + 1 + 1 = |
| 7 | 6 + 5 + 8 = |
| 8 | 7 + 2 + 5 = |
| 9 | 3 + 7 + 9 = |
| 10 | 5 + 4 + 6 = |

| 11 | 12 | 13 | 14 | 15 |
|---|---|---|---|---|
| 4<br>1 | 2<br>8 | 1<br>6 | 7<br>9 | 8<br>5 |
| | | | | |
| | | | | |

| 16 | 17 | 18 | 19 | 20 |
|---|---|---|---|---|
| 4<br>1<br>5 | 3<br>1<br>1 | 4<br>6<br>7 | 3<br>8<br>9 | 2<br>2<br>1 |
| | | | | |
| | | | | |

평가

| 1회 | 2회 |
|---|---|
| | |

확인

## 10을 이용한 1의 덧셈

9에 1을 더할 때는 십의 자리에서 엄지로 아래 한 알을 올리고, 일의 자리에서 엄지로 아래 네 알을 내리는 동시에 검지로 윗알을 올린다.

$$9 + 1 = 10$$

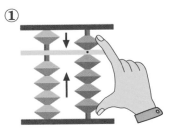

① 일의 자리에서 엄지로 아래 네 알을 올리는 동시에 검지로 윗알을 내린다.

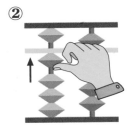

② 십의 자리에서 엄지로 아래 한 알을 올린다.

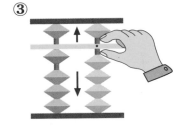

③ 엄지로 아래 네 알을 내리는 동시에 검지로 윗알을 올린다.

| 1 | 2 | 3 | 4 | 5 |
|---|---|---|---|---|
| 4 5 1 | 8 1 1 | 2 7 1 | 7 2 7 | 4 1 5 |
| | | | | |
| | | | | |

| 6 | 7 | 8 | 9 | 10 |
|---|---|---|---|---|
| 5 4 1 | 7 8 5 | 9 1 7 | 9 5 6 | 3 6 1 |
| | | | | |
| | | | | |

평가   1회   2회

확인

차근차근 주판으로 해 보세요.

| 1 | 2 | 3 | 4 | 5 |
|---|---|---|---|---|
| 4<br>1<br>5<br>1<br>2 | 5<br>4<br>7<br>3<br>1 | 8<br>5<br>6<br>1<br>9 | 7<br>5<br>8<br>4<br>1 | 9<br>1<br>3<br>7<br>2 |
|  |  |  |  |  |
|  |  |  |  |  |

| 6 | 7 | 8 | 9 | 10 |
|---|---|---|---|---|
| 1<br>9<br>8<br>7<br>5 | 2<br>7<br>1<br>9<br>1 | 5<br>3<br>1<br>1<br>8 | 6<br>5<br>3<br>1<br>4 | 3<br>6<br>1<br>9<br>1 |
|  |  |  |  |  |
|  |  |  |  |  |

| 11 | 12 | 13 | 14 | 15 |
|---|---|---|---|---|
| 6<br>3<br>1<br>7<br>2 | 7<br>5<br>7<br>1<br>4 | 9<br>1<br>4<br>1<br>5 | 4<br>5<br>1<br>4<br>6 | 2<br>6<br>7<br>5<br>4 |
|  |  |  |  |  |
|  |  |  |  |  |

평가 | 1회 | 2회 | | 확인

기초탄탄

차근차근 주판으로 해 보세요.

| 1 | 2 | 3 | 4 | 5 |
|---|---|---|---|---|
| 4<br>1<br>5<br>4<br>1 | 9<br>5<br>1<br>3<br>7 | 3<br>8<br>8<br>5<br>1 | 3<br>6<br>5<br>1<br>4 | 6<br>5<br>3<br>1<br>2 |
| | | | | |
| | | | | |

| 6 | 7 | 8 | 9 | 10 |
|---|---|---|---|---|
| 8<br>7<br>4<br>1<br>3 | 7<br>2<br>6<br>4<br>8 | 5<br>4<br>1<br>7<br>9 | 9<br>8<br>2<br>7<br>9 | 1<br>3<br>1<br>4<br>6 |
| | | | | |
| | | | | |

| 11 | 12 | 13 | 14 | 15 |
|---|---|---|---|---|
| 5<br>4<br>6<br>4<br>1 | 6<br>3<br>1<br>2<br>7 | 4<br>6<br>9<br>1<br>3 | 4<br>5<br>1<br>9<br>1 | 8<br>5<br>6<br>1<br>2 |
| | | | | |
| | | | | |

평가    1회    2회      확인

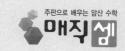

차근차근 주판으로 해 보세요.

| 1 | 2 | 3 | 4 | 5 |
|---|---|---|---|---|
| 9<br>1<br>4<br>5<br>1 | 8<br>1<br>1<br>8<br>7 | 4<br>7<br>6<br>5<br>6 | 2<br>5<br>2<br>1<br>9 | 8<br>8<br>3<br>5<br>1 |
|  |  |  |  |  |
|  |  |  |  |  |

| 6 | 7 | 8 | 9 | 10 |
|---|---|---|---|---|
| 7<br>2<br>1<br>3<br>6 | 5<br>4<br>1<br>9<br>1 | 6<br>3<br>5<br>1<br>4 | 3<br>7<br>9<br>1<br>5 | 3<br>8<br>9<br>9<br>1 |
|  |  |  |  |  |
|  |  |  |  |  |

| 11 | 12 | 13 | 14 | 15 |
|---|---|---|---|---|
| 5<br>4<br>6<br>4<br>6 | 9<br>8<br>2<br>5<br>1 | 6<br>9<br>5<br>4<br>1 | 9<br>1<br>2<br>8<br>3 | 1<br>9<br>5<br>4<br>1 |
|  |  |  |  |  |
|  |  |  |  |  |

평가

| 1회 | 2회 |  |
|---|---|---|
|  |  |  |

확인

차근차근 주판으로 해 보세요.

| 1 | 2 | 3 | 4 | 5 |
|---|---|---|---|---|
| 6<br>5<br>3<br>1<br>5 | 9<br>1<br>4<br>1<br>2 | 5<br>4<br>1<br>2<br>7 | 2<br>5<br>2<br>1<br>7 | 5<br>2<br>2<br>1<br>7 |
|  |  |  |  |  |
|  |  |  |  |  |

| 6 | 7 | 8 | 9 | 10 |
|---|---|---|---|---|
| 7<br>2<br>1<br>3<br>8 | 7<br>5<br>7<br>1<br>8 | 9<br>5<br>1<br>5<br>7 | 4<br>1<br>5<br>1<br>9 | 2<br>9<br>9<br>4<br>1 |
|  |  |  |  |  |
|  |  |  |  |  |

| 11 | 12 | 13 | 14 | 15 |
|---|---|---|---|---|
| 2<br>2<br>2<br>1<br>5<br>9 | 3<br>8<br>5<br>2<br>7 | 1<br>8<br>5<br>9<br>6 | 4<br>1<br>4<br>1<br>8 | 8<br>1<br>7<br>3<br>6 |
|  |  |  |  |  |
|  |  |  |  |  |

평가 | 1회 | 2회 |

확인

실력쑥쑥

**7일차** 좀더 실력을 쌓아 볼까요?

| 1 | 2 | 3 | 4 | 5 |
|---|---|---|---|---|
| 6<br>5<br>3<br>1<br>4<br>1<br>7 | 7<br>5<br>8<br>4<br>1<br>4<br>1 | 2<br>6<br>7<br>5<br>4<br>5<br>1 | 3<br>8<br>5<br>1<br>4<br>1 | 4<br>5<br>1<br>9<br>1<br>5<br>4 |
|  |  |  |  |  |
|  |  |  |  |  |

| 6 | 7 | 8 | 9 | 10 |
|---|---|---|---|---|
| 9<br>1<br>4<br>1<br>5<br>9<br>1 | 1<br>8<br>1<br>6<br>3<br>5<br>1 | 5<br>4<br>1<br>6<br>5<br>9<br>8 | 5<br>5<br>3<br>6<br>1<br>9<br>7 | 9<br>8<br>2<br>5<br>1<br>4<br>6 |
|  |  |  |  |  |
|  |  |  |  |  |

| 11 | 12 | 13 | 14 | 15 |
|---|---|---|---|---|
| 3<br>6<br>5<br>1<br>4<br>1<br>7 | 8<br>5<br>6<br>1<br>7<br>2<br>1 | 8<br>7<br>4<br>1<br>7<br>8<br>4 | 6<br>3<br>1<br>2<br>7<br>1<br>9 | 6<br>5<br>8<br>1<br>1<br>8<br>1 |
|  |  |  |  |  |
|  |  |  |  |  |

평가

| 1회 | 2회 | | 확인 |
|---|---|---|---|
|  |  |  |  |

실력쑥쑥

좀더 실력을 쌓아 볼까요?

| 1 | 2 | 3 | 4 | 5 |
|---|---|---|---|---|
| 1<br>9<br>5<br>4<br>1<br>9<br>1 | 9<br>1<br>4<br>5<br>1<br>8<br>7 | 4<br>5<br>1<br>9<br>1<br>9<br>6 | 3<br>7<br>9<br>1<br>5<br>4<br>6 | 6<br>5<br>3<br>1<br>4<br>1<br>8 |
| | | | | |
| | | | | |

| 6 | 7 | 8 | 9 | 10 |
|---|---|---|---|---|
| 5<br>4<br>1<br>6<br>5<br>8<br>1 | 2<br>8<br>4<br>5<br>1<br>8<br>9 | 7<br>2<br>9<br>8<br>3<br>6<br>4 | 5<br>4<br>1<br>9<br>1<br>7<br>8 | 3<br>8<br>8<br>5<br>1<br>4<br>1 |
| | | | | |
| | | | | |

| 11 | 12 | 13 | 14 | 15 |
|---|---|---|---|---|
| 8<br>9<br>2<br>5<br>1<br>4<br>1 | 4<br>7<br>6<br>5<br>6<br>7<br>5 | 6<br>3<br>9<br>8<br>2<br>7<br>4 | 3<br>6<br>5<br>1<br>4<br>1<br>5 | 9<br>1<br>4<br>1<br>4<br>6<br>1 |
| | | | | |
| | | | | |

평가

| 1회 | 2회 |
|---|---|
| | |

확인

7일차　머릿속에 주판을 그리며 풀어 보세요.

| | |
|---|---|
| 1 | 9 + 1 = |
| 2 | 2 + 8 = |
| 3 | 8 + 7 = |
| 4 | 4 + 1 = |
| 5 | 5 + 5 = |

| | |
|---|---|
| 6 | 3 + 9 + 8 = |
| 7 | 9 + 1 + 7 = |
| 8 | 4 + 5 + 1 = |
| 9 | 7 + 8 + 4 = |
| 10 | 7 + 2 + 1 = |

| 11 | 12 | 13 | 14 | 15 |
|---|---|---|---|---|
| 9<br>1 | 3<br>7 | 4<br>1 | 4<br>8 | 2<br>9 |
| | | | | |
| | | | | |

| 16 | 17 | 18 | 19 | 20 |
|---|---|---|---|---|
| 4<br>5<br>1 | 9<br>1<br>6 | 9<br>1<br>5 | 3<br>6<br>1 | 1<br>8<br>7 |
| | | | | |
| | | | | |

 평가

| 1회 | 2회 |
|---|---|
| | |

 확인

### 8일차

# 5를 이용한 2의 덧셈

3, 4에 2를 더할 때는 아래알만으로 2를 더할 수 없으므로, 검지로 윗알을 내리는 동시에 엄지로 아래 세 알을 내린다.

$$3 + 2 = 5$$

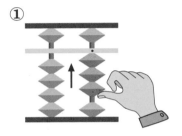

① 일의 자리에서 엄지로 아래 세 알을 올린다.

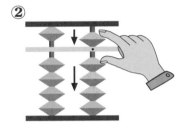

② 검지로 윗알을 내리는 동시에 엄지로 아래 세 알을 내린다.

| 1 | 2 | 3 | 4 | 5 |
|---|---|---|---|---|
| 2<br>9<br>8 | 4<br>2<br>5 | 2<br>2<br>2 | 7<br>8<br>3 | 3<br>2<br>5 |
| | | | | |
| | | | | |

| 6 | 7 | 8 | 9 | 10 |
|---|---|---|---|---|
| 9<br>1<br>7 | 3<br>2<br>4 | 1<br>3<br>2 | 4<br>2<br>3 | 9<br>6<br>4 |
| | | | | |
| | | | | |

평가

| 1회 | 2회 |
|---|---|
| | |

확인

기초탄탄

8일차

차근차근 주판으로 해 보세요.

| 1 | 2 | 3 | 4 | 5 |
|---|---|---|---|---|
| 6 | 9 | 8 | 3 | 1 |
| 3 | 5 | 7 | 8 | 3 |
| 5 | 2 | 4 | 7 | 2 |
| 2 | 9 | 6 | 5 | 9 |
| 3 | 5 | 3 | 2 | 4 |
|   |   |   |   |   |
|   |   |   |   |   |

| 6 | 7 | 8 | 9 | 10 |
|---|---|---|---|---|
| 4 | 8 | 3 | 9 | 2 |
| 6 | 5 | 6 | 1 | 6 |
| 5 | 7 | 5 | 4 | 7 |
| 4 | 4 | 9 | 1 | 5 |
| 1 | 2 | 2 | 3 | 4 |
|   |   |   |   |   |
|   |   |   |   |   |

| 11 | 12 | 13 | 14 | 15 |
|---|---|---|---|---|
| 5 | 8 | 6 | 7 | 4 |
| 4 | 1 | 9 | 5 | 2 |
| 8 | 1 | 5 | 7 | 9 |
| 2 | 4 | 4 | 1 | 4 |
| 1 | 2 | 1 | 4 | 1 |
|   |   |   |   |   |
|   |   |   |   |   |

평가

| 1회 | 2회 |
|---|---|
|   |   |

확인

8일차 기초탄탄

차근차근 주판으로 해 보세요.

| 1 | 2 | 3 | 4 | 5 |
|---|---|---|---|---|
| 4 | 9 | 3 | 1 | 2 |
| 2 | 1 | 2 | 7 | 2 |
| 9 | 4 | 4 | 8 | 1 |
| 4 | 2 | 7 | 3 | 4 |
| 1 | 3 | 9 | 1 | 6 |
|   |   |   |   |   |
|   |   |   |   |   |

| 6 | 7 | 8 | 9 | 10 |
|---|---|---|---|---|
| 1 | 9 | 8 | 4 | 7 |
| 3 | 5 | 9 | 2 | 8 |
| 2 | 2 | 8 | 3 | 5 |
| 9 | 3 | 4 | 5 | 9 |
| 4 | 1 | 1 | 1 | 7 |
|   |   |   |   |   |
|   |   |   |   |   |

| 11 | 12 | 13 | 14 | 15 |
|---|---|---|---|---|
| 6 | 8 | 7 | 6 | 3 |
| 9 | 5 | 2 | 9 | 5 |
| 5 | 2 | 1 | 4 | 1 |
| 3 | 4 | 4 | 5 | 5 |
| 8 | 1 | 2 | 2 | 2 |
|   |   |   |   |   |
|   |   |   |   |   |

평가   1회   2회   확인

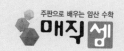

8일차　　차근차근 주판으로 해 보세요.

| 1 | 2 | 3 | 4 | 5 |
|---|---|---|---|---|
| 2<br>2<br>1<br>5<br>5 | 4<br>5<br>1<br>4<br>2 | 8<br>5<br>2<br>4<br>7 | 2<br>8<br>4<br>9<br>2 | 7<br>9<br>3<br>1<br>7 |
|  |  |  |  |  |
|  |  |  |  |  |

| 6 | 7 | 8 | 9 | 10 |
|---|---|---|---|---|
| 9<br>5<br>2<br>9<br>5 | 5<br>2<br>8<br>4<br>1 | 3<br>7<br>4<br>2<br>9 | 3<br>2<br>5<br>4<br>2 | 1<br>8<br>5<br>1<br>4 |
|  |  |  |  |  |
|  |  |  |  |  |

| 11 | 12 | 13 | 14 | 15 |
|---|---|---|---|---|
| 4<br>8<br>8<br>9<br>1 | 7<br>2<br>6<br>5<br>9 | 9<br>6<br>1<br>3<br>1 | 8<br>5<br>1<br>2<br>3 | 6<br>9<br>5<br>4<br>2 |
|  |  |  |  |  |
|  |  |  |  |  |

평가　　| 1회 | 2회 |　　확인

기초탄탄

차근차근 주판으로 해 보세요.

| 1 | 2 | 3 | 4 | 5 |
|---|---|---|---|---|
| 5<br>4<br>1<br>3<br>2 | 9<br>5<br>2<br>3<br>1 | 8<br>5<br>2<br>5<br>8 | 2<br>9<br>3<br>1<br>4 | 6<br>5<br>3<br>2<br>9 |
| | | | | |
| | | | | |

| 6 | 7 | 8 | 9 | 10 |
|---|---|---|---|---|
| 7<br>8<br>3<br>5<br>2 | 8<br>9<br>8<br>4<br>1 | 6<br>3<br>1<br>9<br>7 | 1<br>2<br>7<br>4<br>2 | 9<br>6<br>5<br>4<br>2 |
| | | | | |
| | | | | |

| 11 | 12 | 13 | 14 | 15 |
|---|---|---|---|---|
| 7<br>8<br>5<br>9<br>7 | 3<br>2<br>5<br>4<br>2 | 1<br>7<br>8<br>3<br>1 | 2<br>7<br>1<br>4<br>2 | 4<br>9<br>7<br>4<br>1 |
| | | | | |
| | | | | |

평가

| 1회 | 2회 |
|---|---|
| | |

확인

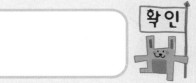

8일차 | 실력쑥쑥 | 좀더 실력을 쌓아 볼까요?

| 1 | 2 | 3 | 4 | 5 |
|---|---|---|---|---|
| 4<br>2<br>5<br>8<br>1<br>4<br>2 | 8<br>1<br>6<br>4<br>1<br>9<br>1 | 5<br>4<br>1<br>3<br>2<br>5<br>9 | 6<br>9<br>4<br>1<br>4<br>2<br>9 | 2<br>2<br>1<br>4<br>1 |
|  |  |  |  |  |
|  |  |  |  |  |

| 6 | 7 | 8 | 9 | 10 |
|---|---|---|---|---|
| 8<br>5<br>2<br>4<br>1<br>4<br>2 | 4<br>8<br>8<br>9<br>1<br>4<br>2 | 9<br>1<br>4<br>2<br>5<br>8<br>1 | 9<br>1<br>8<br>5<br>2<br>5<br>9 | 6<br>3<br>1<br>4<br>1<br>4<br>7 |
|  |  |  |  |  |
|  |  |  |  |  |

| 11 | 12 | 13 | 14 | 15 |
|---|---|---|---|---|
| 5<br>2<br>8<br>4<br>1<br>4<br>2 | 7<br>2<br>1<br>4<br>2<br>9<br>5 | 7<br>8<br>5<br>4<br>2<br>9<br>5 | 3<br>2<br>5<br>9<br>1<br>4<br>2 | 3<br>2<br>5<br>8<br>7<br>5<br>6 |
|  |  |  |  |  |
|  |  |  |  |  |

평가 | 1회 | 2회 | | 확인

실력쑥쑥

**8일차** 좀더 실력을 쌓아 볼까요?

| 1 | 2 | 3 | 4 | 5 |
|---|---|---|---|---|
| 8<br>5<br>2<br>4<br>1<br>4<br>2 | 2<br>2<br>1<br>4<br>1<br>8<br>8 | 8<br>9<br>8<br>4<br>1<br>4<br>2 | 4<br>2<br>5<br>3<br>2<br>5<br>7 | 7<br>2<br>5<br>1<br>4<br>5<br>2 |
|  |  |  |  |  |
|  |  |  |  |  |

| 6 | 7 | 8 | 9 | 10 |
|---|---|---|---|---|
| 1<br>3<br>1<br>4<br>8<br>8<br>3 | 4<br>2<br>9<br>4<br>1<br>8<br>5 | 6<br>9<br>4<br>5<br>2<br>5<br>9 | 7<br>2<br>1<br>3<br>2<br>5<br>4 | 6<br>9<br>5<br>4<br>2<br>3<br>6 |
|  |  |  |  |  |
|  |  |  |  |  |

| 11 | 12 | 13 | 14 | 15 |
|---|---|---|---|---|
| 3<br>7<br>4<br>2<br>9<br>5<br>4 | 3<br>2<br>5<br>9<br>1<br>4<br>2 | 5<br>4<br>1<br>4<br>2<br>9<br>5 | 5<br>4<br>1<br>3<br>2<br>3<br>7 | 9<br>7<br>5<br>9<br>4<br>1<br>2 |
|  |  |  |  |  |
|  |  |  |  |  |

평가

| 1회 | 2회 |
|---|---|
|  |  |

확인

72

암산술술

8일차　머릿속에 주판을 그리며 풀어 보세요.

| 1 | $4 + 2 =$ |
|---|---|
| 2 | $7 + 8 =$ |
| 3 | $9 + 1 =$ |
| 4 | $2 + 7 =$ |
| 5 | $3 + 2 =$ |

| 6 | $8 + 5 + 2 =$ |
|---|---|
| 7 | $3 + 7 + 6 =$ |
| 8 | $9 + 1 + 7 =$ |
| 9 | $4 + 1 + 3 =$ |
| 10 | $4 + 7 + 9 =$ |

| 11 | 12 | 13 | 14 | 15 |
|---|---|---|---|---|
| 4<br>2 | 6<br>5 | 3<br>7 | 9<br>8 | 3<br>2 |
| | | | | |
| | | | | |

| 16 | 17 | 18 | 19 | 20 |
|---|---|---|---|---|
| 9<br>6<br>3 | 4<br>2<br>1 | 3<br>2<br>4 | 6<br>9<br>4 | 1<br>3<br>2 |
| | | | | |
| | | | | |

평가

| 1회 | 2회 | |
|---|---|---|

확인

## 10을 이용한 2의 덧셈

8, 9에 2를 더할 때는 십의 자리에서 엄지로 아래 한 알을 올리고, 일의 자리에서 엄지로 아래 세 알을 내리는 동시에 검지로 윗알을 올린다.

$$9 + 2 = 11$$

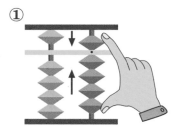

① 일의 자리에서 엄지로 아래 네 알을 올리는 동시에 검지로 윗알을 내린다.

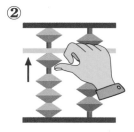

② 십의 자리에서 엄지로 아래 한 알을 올린다.

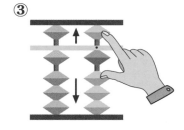

③ 일의 자리에서 엄지로 세 알을 내리는 동시에 검지로 윗알을 올린다.

| 1 | 2 | 3 | 4 | 5 |
|---|---|---|---|---|
| 4<br>5<br>2 | 3<br>2<br>2 | 6<br>3<br>2 | 9<br>1<br>7 | 9<br>2<br>9 |
|  |  |  |  |  |
|  |  |  |  |  |

| 6 | 7 | 8 | 9 | 10 |
|---|---|---|---|---|
| 8<br>2<br>6 | 7<br>2<br>2 | 4<br>2<br>5 | 4<br>6<br>7 | 6<br>2<br>2 |
|  |  |  |  |  |
|  |  |  |  |  |

평가   | 1회 | 2회 |   확인

기초탄탄

9일차

차근차근 주판으로 해 보세요.

| 1 | 2 | 3 | 4 | 5 |
|---|---|---|---|---|
| 7 5 6 2 8 | 1 8 1 9 2 | 4 5 2 3 1 | 2 6 2 8 2 | 1 2 5 7 4 |
|  |  |  |  |  |
|  |  |  |  |  |

| 6 | 7 | 8 | 9 | 10 |
|---|---|---|---|---|
| 3 8 9 9 2 | 9 6 4 2 5 | 5 4 2 8 2 | 8 9 2 2 6 | 5 4 1 8 2 |
|  |  |  |  |  |
|  |  |  |  |  |

| 11 | 12 | 13 | 14 | 15 |
|---|---|---|---|---|
| 1 3 2 3 6 | 8 2 3 2 4 | 4 2 3 1 9 | 9 8 2 5 1 | 7 9 3 2 9 |
|  |  |  |  |  |
|  |  |  |  |  |

평가  | 1회 | 2회 |  확인

75

기초탄탄

차근차근 주판으로 해 보세요.

| 1 | 2 | 3 | 4 | 5 |
|---|---|---|---|---|
| 3<br>5<br>8<br>3<br>1 | 9<br>2<br>9<br>8<br>2 | 3<br>6<br>1<br>9<br>2 | 4<br>5<br>2<br>3<br>1 | 6<br>2<br>8<br>3<br>7 |
| | | | | |
| | | | | |

| 6 | 7 | 8 | 9 | 10 |
|---|---|---|---|---|
| 8<br>9<br>2<br>2<br>8 | 6<br>5<br>8<br>1<br>9 | 3<br>5<br>2<br>4<br>6 | 9<br>6<br>4<br>1<br>7 | 7<br>5<br>7<br>1<br>4 |
| | | | | |
| | | | | |

| 11 | 12 | 13 | 14 | 15 |
|---|---|---|---|---|
| 2<br>7<br>6<br>4<br>7 | 7<br>8<br>4<br>2<br>8 | 4<br>2<br>3<br>2<br>9 | 8<br>5<br>2<br>4<br>1 | 2<br>2<br>1<br>4<br>2 |
| | | | | |
| | | | | |

평가

| 1회 | 2회 |
|---|---|
| | |

확인

차근차근 주판으로 해 보세요.

| 1 | 2 | 3 | 4 | 5 |
|---|---|---|---|---|
| 4 7 8 2 7 | 5 4 2 8 5 | 4 2 3 1 7 | 2 7 1 4 6 | 5 2 8 4 8 |
| | | | | |
| | | | | |

| 6 | 7 | 8 | 9 | 10 |
|---|---|---|---|---|
| 3 8 2 9 9 | 2 6 2 4 1 | 9 1 5 4 2 | 1 7 2 8 2 | 9 2 7 5 2 |
| | | | | |
| | | | | |

| 11 | 12 | 13 | 14 | 15 |
|---|---|---|---|---|
| 4 1 4 2 7 | 3 5 2 4 6 | 6 3 5 2 9 | 8 2 3 2 4 | 8 7 4 2 6 |
| | | | | |
| | | | | |

평가  1회   2회   확인

기초탄탄

차근차근 주판으로 해 보세요.

| 1 | 2 | 3 | 4 | 5 |
|---|---|---|---|---|
| 2 | 8 | 7 | 9 | 4 |
| 7 | 5 | 2 | 6 | 2 |
| 2 | 2 | 1 | 3 | 3 |
| 3 | 4 | 2 | 2 | 1 |
| 1 | 2 | 8 | 8 | 7 |
|  |  |  |  |  |
|  |  |  |  |  |

| 6 | 7 | 8 | 9 | 10 |
|---|---|---|---|---|
| 7 | 6 | 3 | 3 | 5 |
| 9 | 9 | 5 | 5 | 4 |
| 3 | 4 | 8 | 2 | 2 |
| 2 | 2 | 3 | 4 | 8 |
| 8 | 7 | 1 | 1 | 1 |
|  |  |  |  |  |
|  |  |  |  |  |

| 11 | 12 | 13 | 14 | 15 |
|----|----|----|----|----|
| 9 | 8 | 6 | 4 | 5 |
| 2 | 7 | 5 | 5 | 4 |
| 3 | 4 | 8 | 2 | 1 |
| 9 | 7 | 2 | 8 | 7 |
| 2 | 1 | 6 | 2 | 5 |
|  |  |  |  |  |
|  |  |  |  |  |

평가

| 1회 | 2회 |  |
|-----|-----|---|

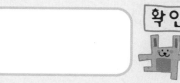 확인

9일차 실력쑥쑥

좀더 실력을 쌓아 볼까요?

| 1 | 2 | 3 | 4 | 5 |
|---|---|---|---|---|
| 7 | 4 | 7 | 5 | 6 |
| 5 | 1 | 9 | 3 | 3 |
| 7 | 4 | 3 | 2 | 2 |
| 2 | 2 | 2 | 8 | 9 |
| 8 | 7 | 8 | 5 | 5 |
| 2 | 2 | 1 | 6 | 4 |
| 9 | 4 | 7 | 2 | 1 |
|   |   |   |   |   |
|   |   |   |   |   |

| 6 | 7 | 8 | 9 | 10 |
|---|---|---|---|----|
| 2 | 8 | 9 | 3 | 4 |
| 6 | 7 | 7 | 2 | 2 |
| 2 | 4 | 3 | 4 | 5 |
| 9 | 2 | 1 | 2 | 8 |
| 2 | 9 | 9 | 8 | 2 |
| 8 | 9 | 2 | 2 | 8 |
| 1 | 2 | 8 | 7 | 2 |
|   |   |   |   |   |
|   |   |   |   |   |

| 11 | 12 | 13 | 14 | 15 |
|----|----|----|----|----|
| 5 | 3 | 9 | 9 | 8 |
| 4 | 6 | 5 | 2 | 5 |
| 2 | 2 | 1 | 7 | 9 |
| 3 | 5 | 4 | 2 | 2 |
| 8 | 9 | 2 | 8 | 1 |
| 7 | 4 | 7 | 2 | 4 |
| 2 | 1 | 2 | 8 | 6 |
|   |   |   |   |   |
|   |   |   |   |   |

평가   1회   2회   확인

실력쑥쑥

좀더 실력을 쌓아 볼까요?

| 1 | 2 | 3 | 4 | 5 |
|---|---|---|---|---|
| 9<br>2<br>8<br>1<br>7<br>2<br>2 | 6<br>3<br>1<br>9<br>5<br>1<br>4 | 6<br>2<br>2<br>9<br>2<br>7<br>2 | 8<br>2<br>9<br>2<br>6<br>2<br>1 | 1<br>7<br>2<br>8<br>2<br>9<br>2 |
|  |  |  |  |  |
|  |  |  |  |  |

| 6 | 7 | 8 | 9 | 10 |
|---|---|---|---|---|
| 4<br>1<br>4<br>2<br>7<br>2<br>4 | 3<br>5<br>2<br>4<br>6<br>9<br>2 | 4<br>6<br>3<br>1<br>1<br>4<br>8 | 3<br>6<br>2<br>7<br>8<br>3<br>2 | 5<br>4<br>2<br>3<br>6<br>9<br>1 |
|  |  |  |  |  |
|  |  |  |  |  |

| 11 | 12 | 13 | 14 | 15 |
|---|---|---|---|---|
| 8<br>7<br>4<br>1<br>3<br>6<br>2 | 9<br>7<br>2<br>8<br>3<br>2<br>1 | 2<br>3<br>5<br>4<br>2<br>3<br>2 | 5<br>4<br>2<br>8<br>1<br>9<br>1 | 2<br>6<br>2<br>9<br>2<br>8<br>2 |
|  |  |  |  |  |
|  |  |  |  |  |

평가

1회    2회

확인

80

**9일차** 머릿속에 주판을 그리며 풀어 보세요.

| | |
|---|---|
| 1 | 9 + 2 = |
| 2 | 6 + 3 = |
| 3 | 8 + 2 = |
| 4 | 9 + 1 = |
| 5 | 4 + 2 = |

| | |
|---|---|
| 6 | 7 + 2 + 2 = |
| 7 | 1 + 8 + 1 = |
| 8 | 7 + 5 + 9 = |
| 9 | 8 + 2 + 6 = |
| 10 | 9 + 6 + 5 = |

| 11 | 12 | 13 | 14 | 15 |
|---|---|---|---|---|
| 8<br>2 | 4<br>1 | 2<br>7 | 9<br>2 | 6<br>3 |
| | | | | |
| | | | | |

| 16 | 17 | 18 | 19 | 20 |
|---|---|---|---|---|
| 1<br>8<br>2 | 3<br>9<br>7 | 6<br>3<br>2 | 4<br>2<br>5 | 9<br>6<br>2 |
| | | | | |
| | | | | |

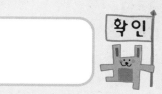

아래 그림을 잘 보고 물음에 답해 보세요.

하마와 여우, 원숭이는 똑같이 출발하여 도착점에 있는 맛있는 음식을 먹기로 하였습니다.
모두 같은 빠르기로 간다면 누가 가장 먼저 도착할까요?

정답 : 원숭이

82

# 덧셈
# 해답

1단계

## 1일차 — 10을 이용한 9의 덧셈

### 10쪽 — 핵심콕콕

| ① | ② | ③ | ④ | ⑤ | ⑥ | ⑦ | ⑧ | ⑨ | ⑩ |
|---|---|---|---|---|---|---|---|---|---|
| 12 | 18 | 17 | 17 | 11 | 18 | 25 | 13 | 19 | 15 |

### 11쪽 — 기초탄탄

| ① | ② | ③ | ④ | ⑤ | ⑥ | ⑦ | ⑧ | ⑨ | ⑩ |
|---|---|---|---|---|---|---|---|---|---|
| 25 | 29 | 29 | 29 | 37 | 29 | 28 | 19 | 28 | 36 |
| ⑪ | ⑫ | ⑬ | ⑭ | ⑮ | | | | | |
| 38 | 26 | 28 | 27 | 38 | | | | | |

### 12쪽 — 기초탄탄

| ① | ② | ③ | ④ | ⑤ | ⑥ | ⑦ | ⑧ | ⑨ | ⑩ |
|---|---|---|---|---|---|---|---|---|---|
| 29 | 28 | 27 | 28 | 28 | 27 | 28 | 27 | 29 | 38 |
| ⑪ | ⑫ | ⑬ | ⑭ | ⑮ | | | | | |
| 29 | 28 | 26 | 28 | 28 | | | | | |

### 13쪽 — 기초탄탄

| ① | ② | ③ | ④ | ⑤ | ⑥ | ⑦ | ⑧ | ⑨ | ⑩ |
|---|---|---|---|---|---|---|---|---|---|
| 29 | 29 | 27 | 29 | 29 | 19 | 28 | 29 | 27 | 29 |
| ⑪ | ⑫ | ⑬ | ⑭ | ⑮ | | | | | |
| 28 | 27 | 28 | 19 | 33 | | | | | |

### 14쪽 — 기초탄탄

| ① | ② | ③ | ④ | ⑤ | ⑥ | ⑦ | ⑧ | ⑨ | ⑩ |
|---|---|---|---|---|---|---|---|---|---|
| 28 | 29 | 29 | 27 | 28 | 27 | 28 | 29 | 29 | 29 |
| ⑪ | ⑫ | ⑬ | ⑭ | ⑮ | | | | | |
| 27 | 28 | 29 | 28 | 29 | | | | | |

### 15쪽 — 실력쑥쑥

| ① | ② | ③ | ④ | ⑤ | ⑥ | ⑦ | ⑧ | ⑨ | ⑩ |
|---|---|---|---|---|---|---|---|---|---|
| 47 | 38 | 39 | 39 | 38 | 48 | 38 | 29 | 37 | 39 |
| ⑪ | ⑫ | ⑬ | ⑭ | ⑮ | | | | | |
| 39 | 29 | 38 | 38 | 39 | | | | | |

### 16쪽 — 실력쑥쑥

| ① | ② | ③ | ④ | ⑤ | ⑥ | ⑦ | ⑧ | ⑨ | ⑩ |
|---|---|---|---|---|---|---|---|---|---|
| 39 | 39 | 38 | 38 | 39 | 38 | 39 | 38 | 39 | 48 |
| ⑪ | ⑫ | ⑬ | ⑭ | ⑮ | | | | | |
| 38 | 38 | 39 | 39 | 39 | | | | | |

### 17쪽 — 암산술술

| ① | ② | ③ | ④ | ⑤ | ⑥ | ⑦ | ⑧ | ⑨ | ⑩ |
|---|---|---|---|---|---|---|---|---|---|
| 13 | 8 | 12 | 7 | 10 | 18 | 18 | 19 | 18 | 18 |
| ⑪ | ⑫ | ⑬ | ⑭ | ⑮ | ⑯ | ⑰ | ⑱ | ⑲ | ⑳ |
| 15 | 9 | 4 | 16 | 17 | 15 | 18 | 17 | 18 | 20 |

## 2일차 — 10을 이용한 8의 덧셈

### 18쪽 — 핵심콕콕

| ① | ② | ③ | ④ | ⑤ | ⑥ | ⑦ | ⑧ | ⑨ | ⑩ |
|---|---|---|---|---|---|---|---|---|---|
| 17 | 11 | 19 | 17 | 26 | 15 | 19 | 21 | 12 | 17 |

### 19쪽 — 기초탄탄

| ① | ② | ③ | ④ | ⑤ | ⑥ | ⑦ | ⑧ | ⑨ | ⑩ |
|---|---|---|---|---|---|---|---|---|---|
| 26 | 29 | 28 | 31 | 29 | 27 | 29 | 37 | 29 | 26 |
| ⑪ | ⑫ | ⑬ | ⑭ | ⑮ | | | | | |
| 29 | 35 | 38 | 35 | 26 | | | | | |

### 20쪽 — 기초탄탄

| ① | ② | ③ | ④ | ⑤ | ⑥ | ⑦ | ⑧ | ⑨ | ⑩ |
|---|---|---|---|---|---|---|---|---|---|
| 37 | 27 | 28 | 29 | 28 | 25 | 28 | 29 | 29 | 35 |
| ⑪ | ⑫ | ⑬ | ⑭ | ⑮ | | | | | |
| 30 | 26 | 29 | 29 | 29 | | | | | |

### 21쪽 — 기초탄탄

| ① | ② | ③ | ④ | ⑤ | ⑥ | ⑦ | ⑧ | ⑨ | ⑩ |
|---|---|---|---|---|---|---|---|---|---|
| 25 | 29 | 29 | 27 | 29 | 19 | 27 | 29 | 27 | 29 |
| ⑪ | ⑫ | ⑬ | ⑭ | ⑮ | | | | | |
| 29 | 27 | 26 | 32 | 28 | | | | | |

### 22쪽 — 기초탄탄

| ① | ② | ③ | ④ | ⑤ | ⑥ | ⑦ | ⑧ | ⑨ | ⑩ |
|---|---|---|---|---|---|---|---|---|---|
| 26 | 26 | 28 | 27 | 29 | 29 | 37 | 35 | 29 | 29 |
| ⑪ | ⑫ | ⑬ | ⑭ | ⑮ | | | | | |
| 26 | 29 | 28 | 29 | 29 | | | | | |

### 23쪽 — 실력쑥쑥

| ① | ② | ③ | ④ | ⑤ | ⑥ | ⑦ | ⑧ | ⑨ | ⑩ |
|---|---|---|---|---|---|---|---|---|---|
| 38 | 39 | 46 | 45 | 37 | 39 | 39 | 37 | 39 | 46 |
| ⑪ | ⑫ | ⑬ | ⑭ | ⑮ | | | | | |
| 38 | 47 | 38 | 47 | 39 | | | | | |

### 24쪽 — 실력쑥쑥

| ① | ② | ③ | ④ | ⑤ | ⑥ | ⑦ | ⑧ | ⑨ | ⑩ |
|---|---|---|---|---|---|---|---|---|---|
| 46 | 39 | 38 | 39 | 47 | 36 | 37 | 38 | 39 | 38 |
| ⑪ | ⑫ | ⑬ | ⑭ | ⑮ | | | | | |
| 45 | 38 | 47 | 38 | 39 | | | | | |

### 25쪽 — 암산술술

| ① | ② | ③ | ④ | ⑤ | ⑥ | ⑦ | ⑧ | ⑨ | ⑩ |
|---|---|---|---|---|---|---|---|---|---|
| 10 | 17 | 12 | 15 | 11 | 21 | 17 | 20 | 25 | 19 |
| ⑪ | ⑫ | ⑬ | ⑭ | ⑮ | ⑯ | ⑰ | ⑱ | ⑲ | ⑳ |
| 10 | 12 | 9 | 15 | 17 | 11 | 18 | 17 | 17 | 15 |

## 3일차 — 10을 이용한 7의 덧셈

### 26쪽 — 핵심콕콕

| ① | ② | ③ | ④ | ⑤ | ⑥ | ⑦ | ⑧ | ⑨ | ⑩ |
|---|---|---|---|---|---|---|---|---|---|
| 25 | 16 | 15 | 26 | 19 | 20 | 18 | 20 | 16 | 19 |

### 27쪽 — 기초탄탄

| ① | ② | ③ | ④ | ⑤ | ⑥ | ⑦ | ⑧ | ⑨ | ⑩ |
|---|---|---|---|---|---|---|---|---|---|
| 31 | 26 | 28 | 26 | 28 | 32 | 27 | 36 | 30 | 32 |
| ⑪ | ⑫ | ⑬ | ⑭ | ⑮ | | | | | |
| 28 | 35 | 29 | 36 | 27 | | | | | |

### 28쪽 — 기초탄탄

| ① | ② | ③ | ④ | ⑤ | ⑥ | ⑦ | ⑧ | ⑨ | ⑩ |
|---|---|---|---|---|---|---|---|---|---|
| 28 | 25 | 25 | 36 | 31 | 27 | 26 | 29 | 25 | 26 |
| ⑪ | ⑫ | ⑬ | ⑭ | ⑮ | | | | | |
| 35 | 29 | 35 | 26 | 29 | | | | | |

### 29쪽 — 기초탄탄

| ① | ② | ③ | ④ | ⑤ | ⑥ | ⑦ | ⑧ | ⑨ | ⑩ |
|---|---|---|---|---|---|---|---|---|---|
| 31 | 36 | 35 | 25 | 35 | 28 | 27 | 26 | 31 | 29 |
| ⑪ | ⑫ | ⑬ | ⑭ | ⑮ | | | | | |
| 26 | 29 | 26 | 36 | 26 | | | | | |

### 30쪽 — 기초탄탄

| ① | ② | ③ | ④ | ⑤ | ⑥ | ⑦ | ⑧ | ⑨ | ⑩ |
|---|---|---|---|---|---|---|---|---|---|
| 27 | 27 | 26 | 26 | 36 | 26 | 26 | 29 | 30 | 28 |
| ⑪ | ⑫ | ⑬ | ⑭ | ⑮ | | | | | |
| 30 | 29 | 26 | 26 | 31 | | | | | |

### 31쪽 — 실력쑥쑥

| ① | ② | ③ | ④ | ⑤ | ⑥ | ⑦ | ⑧ | ⑨ | ⑩ |
|---|---|---|---|---|---|---|---|---|---|
| 41 | 38 | 47 | 35 | 35 | 35 | 46 | 42 | 38 | 37 |
| ⑪ | ⑫ | ⑬ | ⑭ | ⑮ | | | | | |
| 45 | 39 | 36 | 36 | 38 | | | | | |

### 32쪽 — 실력쑥쑥

| ① | ② | ③ | ④ | ⑤ | ⑥ | ⑦ | ⑧ | ⑨ | ⑩ |
|---|---|---|---|---|---|---|---|---|---|
| 46 | 46 | 36 | 45 | 46 | 45 | 39 | 47 | 38 | 36 |
| ⑪ | ⑫ | ⑬ | ⑭ | ⑮ | | | | | |
| 28 | 37 | 47 | 29 | 46 | | | | | |

### 33쪽 — 암산술술

| ① | ② | ③ | ④ | ⑤ | ⑥ | ⑦ | ⑧ | ⑨ | ⑩ |
|---|---|---|---|---|---|---|---|---|---|
| 11 | 11 | 11 | 15 | 13 | 18 | 26 | 16 | 17 | 10 |
| ⑪ | ⑫ | ⑬ | ⑭ | ⑮ | ⑯ | ⑰ | ⑱ | ⑲ | ⑳ |
| 10 | 15 | 16 | 11 | 11 | 10 | 15 | 17 | 19 | 17 |

## 4일차 — 10을 이용한 6의 덧셈

### 34쪽 — 핵심콕콕
| ① | ② | ③ | ④ | ⑤ | ⑥ | ⑦ | ⑧ | ⑨ | ⑩ |
|---|---|---|---|---|---|---|---|---|---|
| 15 | 18 | 15 | 15 | 25 | 15 | 18 | 16 | 25 | 10 |

### 35쪽 — 기초탄탄
| ① | ② | ③ | ④ | ⑤ | ⑥ | ⑦ | ⑧ | ⑨ | ⑩ |
|---|---|---|---|---|---|---|---|---|---|
| 27 | 27 | 26 | 28 | 26 | 25 | 29 | 26 | 30 | 25 |
| ⑪ | ⑫ | ⑬ | ⑭ | ⑮ | | | | | |
| 25 | 25 | 25 | 29 | 20 | | | | | |

### 36쪽 — 기초탄탄
| ① | ② | ③ | ④ | ⑤ | ⑥ | ⑦ | ⑧ | ⑨ | ⑩ |
|---|---|---|---|---|---|---|---|---|---|
| 25 | 25 | 29 | 25 | 27 | 25 | 19 | 21 | 35 | 25 |
| ⑪ | ⑫ | ⑬ | ⑭ | ⑮ | | | | | |
| 18 | 27 | 28 | 26 | 27 | | | | | |

### 37쪽 — 기초탄탄
| ① | ② | ③ | ④ | ⑤ | ⑥ | ⑦ | ⑧ | ⑨ | ⑩ |
|---|---|---|---|---|---|---|---|---|---|
| 28 | 28 | 29 | 25 | 27 | 25 | 29 | 22 | 25 | 25 |
| ⑪ | ⑫ | ⑬ | ⑭ | ⑮ | | | | | |
| 25 | 25 | 25 | 25 | 25 | | | | | |

### 38쪽 — 기초탄탄
| ① | ② | ③ | ④ | ⑤ | ⑥ | ⑦ | ⑧ | ⑨ | ⑩ |
|---|---|---|---|---|---|---|---|---|---|
| 20 | 25 | 26 | 29 | 29 | 28 | 19 | 25 | 25 | 29 |
| ⑪ | ⑫ | ⑬ | ⑭ | ⑮ | | | | | |
| 21 | 35 | 27 | 25 | 25 | | | | | |

### 39쪽 — 실력쑥쑥
| ① | ② | ③ | ④ | ⑤ | ⑥ | ⑦ | ⑧ | ⑨ | ⑩ |
|---|---|---|---|---|---|---|---|---|---|
| 38 | 39 | 39 | 34 | 38 | 35 | 36 | 35 | 35 | 35 |
| ⑪ | ⑫ | ⑬ | ⑭ | ⑮ | | | | | |
| 37 | 35 | 35 | 36 | 39 | | | | | |

### 40쪽 — 실력쑥쑥
| ① | ② | ③ | ④ | ⑤ | ⑥ | ⑦ | ⑧ | ⑨ | ⑩ |
|---|---|---|---|---|---|---|---|---|---|
| 35 | 35 | 35 | 45 | 35 | 45 | 38 | 39 | 29 | 45 |
| ⑪ | ⑫ | ⑬ | ⑭ | ⑮ | | | | | |
| 27 | 35 | 35 | 37 | 45 | | | | | |

### 41쪽 — 암산술술
| ① | ② | ③ | ④ | ⑤ | ⑥ | ⑦ | ⑧ | ⑨ | ⑩ |
|---|---|---|---|---|---|---|---|---|---|
| 10 | 12 | 10 | 11 | 15 | 15 | 21 | 15 | 17 | 15 |
| ⑪ | ⑫ | ⑬ | ⑭ | ⑮ | ⑯ | ⑰ | ⑱ | ⑲ | ⑳ |
| 10 | 9 | 15 | 15 | 13 | 26 | 15 | 11 | 18 | 15 |

## 5일차 — 10을 이용한 5의 덧셈

### 42쪽 — 핵심콕콕
| ① | ② | ③ | ④ | ⑤ | ⑥ | ⑦ | ⑧ | ⑨ | ⑩ |
|---|---|---|---|---|---|---|---|---|---|
| 21 | 20 | 14 | 18 | 20 | 22 | 17 | 14 | 12 | 14 |

### 43쪽 — 기초탄탄
| ① | ② | ③ | ④ | ⑤ | ⑥ | ⑦ | ⑧ | ⑨ | ⑩ |
|---|---|---|---|---|---|---|---|---|---|
| 31 | 25 | 25 | 31 | 24 | 22 | 30 | 29 | 27 | 27 |
| ⑪ | ⑫ | ⑬ | ⑭ | ⑮ | | | | | |
| 28 | 31 | 30 | 22 | 33 | | | | | |

### 44쪽 — 기초탄탄
| ① | ② | ③ | ④ | ⑤ | ⑥ | ⑦ | ⑧ | ⑨ | ⑩ |
|---|---|---|---|---|---|---|---|---|---|
| 28 | 27 | 23 | 25 | 24 | 31 | 21 | 30 | 30 | 25 |
| ⑪ | ⑫ | ⑬ | ⑭ | ⑮ | | | | | |
| 36 | 22 | 30 | 30 | 31 | | | | | |

### 45쪽 — 기초탄탄
| ① | ② | ③ | ④ | ⑤ | ⑥ | ⑦ | ⑧ | ⑨ | ⑩ |
|---|---|---|---|---|---|---|---|---|---|
| 31 | 22 | 30 | 22 | 30 | 20 | 21 | 19 | 27 | 30 |
| ⑪ | ⑫ | ⑬ | ⑭ | ⑮ | | | | | |
| 30 | 31 | 31 | 30 | 27 | | | | | |

### 46쪽 — 기초탄탄
| ① | ② | ③ | ④ | ⑤ | ⑥ | ⑦ | ⑧ | ⑨ | ⑩ |
|---|---|---|---|---|---|---|---|---|---|
| 23 | 35 | 33 | 25 | 21 | 28 | 30 | 23 | 31 | 31 |
| ⑪ | ⑫ | ⑬ | ⑭ | ⑮ | | | | | |
| 31 | 24 | 30 | 30 | 20 | | | | | |

### 47쪽 — 실력쑥쑥
| ① | ② | ③ | ④ | ⑤ | ⑥ | ⑦ | ⑧ | ⑨ | ⑩ |
|---|---|---|---|---|---|---|---|---|---|
| 34 | 33 | 48 | 43 | 40 | 34 | 46 | 40 | 37 | 39 |
| ⑪ | ⑫ | ⑬ | ⑭ | ⑮ | | | | | |
| 44 | 45 | 41 | 34 | 42 | | | | | |

### 48쪽 — 실력쑥쑥
| ① | ② | ③ | ④ | ⑤ | ⑥ | ⑦ | ⑧ | ⑨ | ⑩ |
|---|---|---|---|---|---|---|---|---|---|
| 34 | 45 | 42 | 45 | 33 | 39 | 45 | 34 | 34 | 46 |
| ⑪ | ⑫ | ⑬ | ⑭ | ⑮ | | | | | |
| 44 | 38 | 39 | 41 | 32 | | | | | |

### 49쪽 — 암산술술
| ① | ② | ③ | ④ | ⑤ | ⑥ | ⑦ | ⑧ | ⑨ | ⑩ |
|---|---|---|---|---|---|---|---|---|---|
| 14 | 10 | 12 | 10 | 11 | 11 | 20 | 10 | 17 | 19 |
| ⑪ | ⑫ | ⑬ | ⑭ | ⑮ | ⑯ | ⑰ | ⑱ | ⑲ | ⑳ |
| 10 | 17 | 13 | 10 | 11 | 14 | 17 | 19 | 17 | 20 |

## 6일차 — 5를 이용한 1의 덧셈

### 50쪽 — 핵심콕콕
| ① | ② | ③ | ④ | ⑤ | ⑥ | ⑦ | ⑧ | ⑨ | ⑩ |
|---|---|---|---|---|---|---|---|---|---|
| 8 | 15 | 9 | 5 | 20 | 19 | 7 | 14 | 5 | 20 |

### 51쪽 — 기초탄탄
| ① | ② | ③ | ④ | ⑤ | ⑥ | ⑦ | ⑧ | ⑨ | ⑩ |
|---|---|---|---|---|---|---|---|---|---|
| 15 | 25 | 30 | 25 | 15 | 19 | 25 | 26 | 16 | 18 |
| ⑪ | ⑫ | ⑬ | ⑭ | ⑮ | | | | | |
| 15 | 20 | 17 | 24 | 17 | | | | | |

### 52쪽 — 기초탄탄
| ① | ② | ③ | ④ | ⑤ | ⑥ | ⑦ | ⑧ | ⑨ | ⑩ |
|---|---|---|---|---|---|---|---|---|---|
| 26 | 20 | 15 | 18 | 28 | 15 | 25 | 19 | 20 | 18 |
| ⑪ | ⑫ | ⑬ | ⑭ | ⑮ | | | | | |
| 25 | 25 | 25 | 24 | 15 | | | | | |

### 53쪽 — 기초탄탄
| ① | ② | ③ | ④ | ⑤ | ⑥ | ⑦ | ⑧ | ⑨ | ⑩ |
|---|---|---|---|---|---|---|---|---|---|
| 18 | 31 | 29 | 18 | 18 | 19 | 20 | 17 | 26 | 25 |
| ⑪ | ⑫ | ⑬ | ⑭ | ⑮ | | | | | |
| 30 | 31 | 15 | 29 | 19 | | | | | |

### 54쪽 — 기초탄탄
| ① | ② | ③ | ④ | ⑤ | ⑥ | ⑦ | ⑧ | ⑨ | ⑩ |
|---|---|---|---|---|---|---|---|---|---|
| 18 | 19 | 20 | 25 | 25 | 19 | 18 | 25 | 27 | 29 |
| ⑪ | ⑫ | ⑬ | ⑭ | ⑮ | | | | | |
| 15 | 25 | 18 | 20 | 21 | | | | | |

### 55쪽 — 실력쑥쑥
| ① | ② | ③ | ④ | ⑤ | ⑥ | ⑦ | ⑧ | ⑨ | ⑩ |
|---|---|---|---|---|---|---|---|---|---|
| 30 | 30 | 34 | 35 | 37 | 25 | 29 | 31 | 39 | 31 |
| ⑪ | ⑫ | ⑬ | ⑭ | ⑮ | | | | | |
| 38 | 32 | 31 | 30 | 37 | | | | | |

### 56쪽 — 실력쑥쑥
| ① | ② | ③ | ④ | ⑤ | ⑥ | ⑦ | ⑧ | ⑨ | ⑩ |
|---|---|---|---|---|---|---|---|---|---|
| 28 | 35 | 24 | 37 | 31 | 26 | 44 | 29 | 29 | 35 |
| ⑪ | ⑫ | ⑬ | ⑭ | ⑮ | | | | | |
| 36 | 33 | 36 | 46 | 30 | | | | | |

### 57쪽 — 암산술술
| ① | ② | ③ | ④ | ⑤ | ⑥ | ⑦ | ⑧ | ⑨ | ⑩ |
|---|---|---|---|---|---|---|---|---|---|
| 5 | 10 | 16 | 18 | 10 | 6 | 19 | 14 | 19 | 15 |
| ⑪ | ⑫ | ⑬ | ⑭ | ⑮ | ⑯ | ⑰ | ⑱ | ⑲ | ⑳ |
| 5 | 10 | 7 | 16 | 13 | 10 | 5 | 17 | 20 | 5 |

## 7일차 — 10을 이용한 1의 덧셈

### 58쪽 — 핵심콕콕

| ❶ | ❷ | ❸ | ❹ | ❺ | ❻ | ❼ | ❽ | ❾ | ❿ |
|---|---|---|---|---|---|---|---|---|---|
| 10 | 10 | 10 | 16 | 10 | 10 | 20 | 17 | 20 | 10 |

### 59쪽 — 기초탄탄

| ❶ | ❷ | ❸ | ❹ | ❺ | ❻ | ❼ | ❽ | ❾ | ❿ |
|---|---|---|---|---|---|---|---|---|---|
| 13 | 20 | 29 | 25 | 22 | 30 | 20 | 18 | 19 | 20 |
| ⓫ | ⓬ | ⓭ | ⓮ | ⓯ | | | | | |
| 19 | 24 | 20 | 20 | 24 | | | | | |

### 60쪽 — 기초탄탄

| ❶ | ❷ | ❸ | ❹ | ❺ | ❻ | ❼ | ❽ | ❾ | ❿ |
|---|---|---|---|---|---|---|---|---|---|
| 15 | 25 | 25 | 19 | 17 | 23 | 27 | 26 | 35 | 15 |
| ⓫ | ⓬ | ⓭ | ⓮ | ⓯ | | | | | |
| 20 | 25 | 23 | 20 | 22 | | | | | |

### 61쪽 — 기초탄탄

| ❶ | ❷ | ❸ | ❹ | ❺ | ❻ | ❼ | ❽ | ❾ | ❿ |
|---|---|---|---|---|---|---|---|---|---|
| 20 | 25 | 28 | 19 | 25 | 19 | 20 | 19 | 25 | 30 |
| ⓫ | ⓬ | ⓭ | ⓮ | ⓯ | | | | | |
| 25 | 25 | 25 | 23 | 20 | | | | | |

### 62쪽 — 기초탄탄

| ❶ | ❷ | ❸ | ❹ | ❺ | ❻ | ❼ | ❽ | ❾ | ❿ |
|---|---|---|---|---|---|---|---|---|---|
| 20 | 17 | 19 | 17 | 17 | 21 | 28 | 27 | 20 | 25 |
| ⓫ | ⓬ | ⓭ | ⓮ | ⓯ | | | | | |
| 19 | 25 | 29 | 18 | 25 | | | | | |

### 63쪽 — 실력쑥쑥

| ❶ | ❷ | ❸ | ❹ | ❺ | ❻ | ❼ | ❽ | ❾ | ❿ |
|---|---|---|---|---|---|---|---|---|---|
| 27 | 30 | 30 | 30 | 29 | 30 | 25 | 38 | 36 | 35 |
| ⓫ | ⓬ | ⓭ | ⓮ | ⓯ | | | | | |
| 27 | 30 | 39 | 29 | 30 | | | | | |

### 64쪽 — 실력쑥쑥

| ❶ | ❷ | ❸ | ❹ | ❺ | ❻ | ❼ | ❽ | ❾ | ❿ |
|---|---|---|---|---|---|---|---|---|---|
| 30 | 35 | 35 | 35 | 28 | 30 | 37 | 39 | 35 | 30 |
| ⓫ | ⓬ | ⓭ | ⓮ | ⓯ | | | | | |
| 30 | 40 | 39 | 25 | 30 | | | | | |

### 65쪽 — 암산술술

| ❶ | ❷ | ❸ | ❹ | ❺ | ❻ | ❼ | ❽ | ❾ | ❿ |
|---|---|---|---|---|---|---|---|---|---|
| 10 | 10 | 15 | 5 | 10 | 20 | 17 | 10 | 19 | 10 |
| ⓫ | ⓬ | ⓭ | ⓮ | ⓯ | ⓰ | ⓱ | ⓲ | ⓳ | ⓴ |
| 10 | 10 | 5 | 12 | 11 | 10 | 16 | 15 | 10 | 16 |

## 8일차 — 5를 이용한 2의 덧셈

### 66쪽 — 핵심콕콕

| ❶ | ❷ | ❸ | ❹ | ❺ | ❻ | ❼ | ❽ | ❾ | ❿ |
|---|---|---|---|---|---|---|---|---|---|
| 19 | 11 | 6 | 18 | 10 | 17 | 9 | 6 | 9 | 19 |

### 67쪽 — 기초탄탄

| ❶ | ❷ | ❸ | ❹ | ❺ | ❻ | ❼ | ❽ | ❾ | ❿ |
|---|---|---|---|---|---|---|---|---|---|
| 19 | 30 | 28 | 25 | 19 | 20 | 26 | 25 | 18 | 24 |
| ⓫ | ⓬ | ⓭ | ⓮ | ⓯ | | | | | |
| 20 | 16 | 25 | 24 | 20 | | | | | |

### 68쪽 — 기초탄탄

| ❶ | ❷ | ❸ | ❹ | ❺ | ❻ | ❼ | ❽ | ❾ | ❿ |
|---|---|---|---|---|---|---|---|---|---|
| 20 | 19 | 25 | 20 | 15 | 19 | 20 | 30 | 15 | 36 |
| ⓫ | ⓬ | ⓭ | ⓮ | ⓯ | | | | | |
| 31 | 20 | 16 | 26 | 16 | | | | | |

### 69쪽 — 기초탄탄

| ❶ | ❷ | ❸ | ❹ | ❺ | ❻ | ❼ | ❽ | ❾ | ❿ |
|---|---|---|---|---|---|---|---|---|---|
| 15 | 16 | 26 | 25 | 27 | 30 | 20 | 25 | 16 | 19 |
| ⓫ | ⓬ | ⓭ | ⓮ | ⓯ | | | | | |
| 30 | 29 | 20 | 19 | 26 | | | | | |

### 70쪽 — 기초탄탄

| ❶ | ❷ | ❸ | ❹ | ❺ | ❻ | ❼ | ❽ | ❾ | ❿ |
|---|---|---|---|---|---|---|---|---|---|
| 15 | 20 | 28 | 19 | 25 | 25 | 30 | 26 | 16 | 26 |
| ⓫ | ⓬ | ⓭ | ⓮ | ⓯ | | | | | |
| 36 | 16 | 20 | 16 | 25 | | | | | |

### 71쪽 — 실력쑥쑥

| ❶ | ❷ | ❸ | ❹ | ❺ | ❻ | ❼ | ❽ | ❾ | ❿ |
|---|---|---|---|---|---|---|---|---|---|
| 26 | 30 | 29 | 35 | 15 | 26 | 36 | 30 | 39 | 26 |
| ⓫ | ⓬ | ⓭ | ⓮ | ⓯ | | | | | |
| 26 | 30 | 40 | 26 | 36 | | | | | |

### 72쪽 — 실력쑥쑥

| ❶ | ❷ | ❸ | ❹ | ❺ | ❻ | ❼ | ❽ | ❾ | ❿ |
|---|---|---|---|---|---|---|---|---|---|
| 26 | 26 | 36 | 28 | 26 | 28 | 33 | 40 | 24 | 35 |
| ⓫ | ⓬ | ⓭ | ⓮ | ⓯ | | | | | |
| 34 | 26 | 30 | 25 | 37 | | | | | |

### 73쪽 — 암산술술

| ❶ | ❷ | ❸ | ❹ | ❺ | ❻ | ❼ | ❽ | ❾ | ❿ |
|---|---|---|---|---|---|---|---|---|---|
| 6 | 15 | 10 | 9 | 5 | 15 | 16 | 17 | 8 | 20 |
| ⓫ | ⓬ | ⓭ | ⓮ | ⓯ | ⓰ | ⓱ | ⓲ | ⓳ | ⓴ |
| 6 | 11 | 10 | 17 | 5 | 18 | 7 | 9 | 19 | 6 |

## 9일차 — 10을 이용한 2의 덧셈

### 74쪽 — 핵심콕콕

| ❶ | ❷ | ❸ | ❹ | ❺ | ❻ | ❼ | ❽ | ❾ | ❿ |
|---|---|---|---|---|---|---|---|---|---|
| 11 | 7 | 11 | 17 | 20 | 16 | 11 | 11 | 17 | 10 |

### 75쪽 — 기초탄탄

| ❶ | ❷ | ❸ | ❹ | ❺ | ❻ | ❼ | ❽ | ❾ | ❿ |
|---|---|---|---|---|---|---|---|---|---|
| 28 | 21 | 15 | 20 | 19 | 31 | 26 | 21 | 27 | 20 |
| ⓫ | ⓬ | ⓭ | ⓮ | ⓯ | | | | | |
| 15 | 19 | 19 | 25 | 30 | | | | | |

### 76쪽 — 기초탄탄

| ❶ | ❷ | ❸ | ❹ | ❺ | ❻ | ❼ | ❽ | ❾ | ❿ |
|---|---|---|---|---|---|---|---|---|---|
| 20 | 30 | 21 | 15 | 26 | 29 | 29 | 20 | 27 | 24 |
| ⓫ | ⓬ | ⓭ | ⓮ | ⓯ | | | | | |
| 26 | 29 | 20 | 20 | 11 | | | | | |

### 77쪽 — 기초탄탄

| ❶ | ❷ | ❸ | ❹ | ❺ | ❻ | ❼ | ❽ | ❾ | ❿ |
|---|---|---|---|---|---|---|---|---|---|
| 28 | 24 | 17 | 20 | 27 | 31 | 15 | 21 | 20 | 25 |
| ⓫ | ⓬ | ⓭ | ⓮ | ⓯ | | | | | |
| 18 | 20 | 25 | 19 | 27 | | | | | |

### 78쪽 — 기초탄탄

| ❶ | ❷ | ❸ | ❹ | ❺ | ❻ | ❼ | ❽ | ❾ | ❿ |
|---|---|---|---|---|---|---|---|---|---|
| 15 | 21 | 20 | 28 | 17 | 29 | 28 | 20 | 15 | 20 |
| ⓫ | ⓬ | ⓭ | ⓮ | ⓯ | | | | | |
| 25 | 27 | 27 | 21 | 22 | | | | | |

### 79쪽 — 실력쑥쑥

| ❶ | ❷ | ❸ | ❹ | ❺ | ❻ | ❼ | ❽ | ❾ | ❿ |
|---|---|---|---|---|---|---|---|---|---|
| 40 | 24 | 37 | 31 | 30 | 30 | 41 | 39 | 28 | 31 |
| ⓫ | ⓬ | ⓭ | ⓮ | ⓯ | | | | | |
| 31 | 30 | 30 | 38 | 35 | | | | | |

### 80쪽 — 실력쑥쑥

| ❶ | ❷ | ❸ | ❹ | ❺ | ❻ | ❼ | ❽ | ❾ | ❿ |
|---|---|---|---|---|---|---|---|---|---|
| 31 | 29 | 30 | 30 | 31 | 24 | 31 | 27 | 31 | 30 |
| ⓫ | ⓬ | ⓭ | ⓮ | ⓯ | | | | | |
| 31 | 32 | 21 | 30 | 31 | | | | | |

### 81쪽 — 암산술술

| ❶ | ❷ | ❸ | ❹ | ❺ | ❻ | ❼ | ❽ | ❾ | ❿ |
|---|---|---|---|---|---|---|---|---|---|
| 11 | 9 | 10 | 10 | 6 | 11 | 10 | 21 | 16 | 20 |
| ⓫ | ⓬ | ⓭ | ⓮ | ⓯ | ⓰ | ⓱ | ⓲ | ⓳ | ⓴ |
| 10 | 5 | 9 | 11 | 9 | 11 | 19 | 11 | 11 | 17 |

## 저자 소개

김일곤 선생님

| | | |
|---|---|---|
| 1965년 7. | 「감사장」 무상 아동들의 교육을 위하여 군성중학교 설립 (제 275호) |
| 1966년 7. | 「장려상」 덕수상고 주최 전국 초등학교 주산경기대회 |
| 1967년 10. | 「지도상」 경희대학교 주최 전국 초등학교 주산경기대회 우승 |
| 1968년 2. | 서울시 초등학교 주산 보급회 창설 |
| 1969년 9. | 「공로상」 대한교련산하 한주회(회장 윤태림 박사) |
| 1970년 3. | 「지도패」 봉영여상 주최 전국 주산경기대회 3년 연속 우승 |
| 1971년 10. | 「지도상」 서울여상 주최 전국 주산경기대회 3년 연속 우승 |
| 1972년 7. | 「지도상」 일본 주최 국제주산경기 군마현 대회 준우승, 동경대회 우승, 경도시 상공회의소 주최 우승 |
| 1972년 7. | 일본 NHK TV 출연 |
| 1973년 4. | 「지도상」 숙명여대 주최 한·일 친선 주산경기대회 우승 |
| 1973년 9. | 「지도상」 공항상고 주최 전국 초등학교 주산경기대회 우승 |
| 1974년 12. | 「공로상」 한국 주최 국제주산경기대회 우승 |
| 1975년 7. | 「지도상」 서울수도사대 주최 서울시 초등학교 주산경기대회 우승 |
| 1976년 10. | 「지도상」 대한교련 산하 한주회 주최 국제파견 1, 2, 3차 선발대회 우승 |
| 1977년 7. | 「지도패」 제6회 일본 군마현 주최 주산경기대회 우승 |
| 1978년 4. | 「지도상」 동구여상 주최 전국 주산경기대회 2년 연속 우승 |
| 1979년 6. | MBC TV 출연 전자계산기와 대결 우승 |
| 1980년 6. | 「지도상」 한국개발원 주최 해외파견 선발대회 우승 |
| 1981년 8. | 「감사장」 일본 기후시 주최 국제주산경기대회 우승 |
| 1982년 8. | 「감사패」 자유중국 대북시 주최 국제주산경기대회 우승 |
| 1983년 9. | 「지도상」 한국일보 주최 전국 암산왕선발대회 3년 연속 우승 |
| 1983년 11. | KBS TV '비밀의 커텐', '상쾌한 아침' 출연 |

| | |
|---|---|
| 1983년 11. | MBC TV '차인태의 아침 살롱' 출연 |
| 1984년 1. | MBC TV '자랑스런 새싹들' 특별 출연 |
| 1984년 10. | 「공로패」 국제피플투피플 독일 파견대회 우승 |
| 1984년 12. | 「지도상」 한국 주최 세계기록 주산경기대회 우승 |
| 1985년 12. | 「감사패」 자유중국 주최 제3회 세계계산기능대회 대한민국 대표로 참가 준우승 |
| 1986년 8. | 「공로패」 일본 동경 주최 국제주산경기대회 우승 |
| 1986년 10. | 「공로패」 조선일보 주최 전국 주산경기대회 3년 연속 우승 |
| 1987년 11. | 「지도패」 학원총연합회 주최 문교부장관상 전국 주산경기대회 3년 연속 우승 |
| 1987년 12. | 「공로패」 일본 주최 제4회 세계계산기능대회 참가 |
| 1989년 8. | 「감사패」 일본 동경 주최 제5회 세계계산기능대회 참가 |
| 1991년 12. | 자유중국 주최 제6회 세계계산기능대회 참가 |
| 1993년 12. | 대한민국 주최 제7회 세계계산기능대회 참가 |
| 1996년. 1. | 「국제주산교육 10단 인증」 싱가포르 주최 국제주산교육 10단 수여 |
| 1996년 12. | 「공로패」 중국 주최 국제주산경기대회 참가 우승 |
| 2003년 8. | MBC TV '특종 놀라운 세상 암산기인 탄생' 출연 |
| 2003년 9. | 사단법인 국제주산암산연맹 창설 |
| 2003년 6월~<br>2004년 3월 | 연세대학교 창업교육센터 YES셈 주산교육자 강의 |

【 저 서 】
독산 가감산 및 호산집
주산 기초 교본(상 · 하권)
주산식 기본 암산(1, 2권)
매직셈 주산 기본 교재
매직셈 연습문제(덧셈, 곱셈, 뺄셈, 나눗셈)
주산암산수련문제집